Manuel Lozano Leyva

# EL SEXTO
# ELEMENTO

# Manuel Lozano Leyva

# EL SEXTO ELEMENTO

### Una biografía del carbono

RBA

Primera edición: enero de 2026.

REF.: ONFI704
ISBN: 978-84-1132-585-1
DEPÓSITO LEGAL: B 22285-2025

Impreso en España - *Printed in Spain*

# CONTENIDO

CUARTA PARTE
# EL CICLO INFINITO

# FORMAS ALOTRÓPICAS

Alotropía, de tropos, *trópos*: mutación, cambio. Dícese de la propiedad de algunos elementos de presentarse en diferentes formas por agrupación distinta de sus átomos. Dichas formas pueden variar tanto como las del carbono y las de los humanos.

Porque seguramente los principios          1280
de la materia no se han colocado
con orden, con razón ni inteligencia,
ni han pactado entre sí sus movimientos;
antes diversamente combinados,
desde la eternidad por el espacio
agitados con choques diferentes,
juntas y movimientos van probando,
hasta que se colocan de manera
que esta suma criada se mantiene;
la cual por muchos siglos conservada      1290
y puesta en conveniente movimiento,
hace con largas ondas que los ríos
abastezcan los mares insaciables;
que la tierra sus frutos reproduzca
con los rayos del Sol alimentada;
y que reproducidas las especies
de los brutos florezcan, y que vivan
los fuegos celestiales resbalando:
no sucediera si infinita copia
de los principios no estuviera siempre    1300
reparando las pérdidas continuas:
así como los brutos sin sustento
se van aniquilando, y por fin mueren
de la misma manera el todo debe
perecer al momento que materia
de su recto camino extraviada
no suministre pábulo a los cuerpos.

*De rerum natura,*
TITO LUCRECIO CARO

# PROEMIO

Este libro trata de responder, desde un fundamento que muchos considerarán absolutamente parcial y ambicioso, las preguntas más esenciales que todos nos hacemos: de dónde venimos, dónde acabaremos y qué es este paréntesis sublime en que nos hallamos: la vida.

Las respuestas más firmes y arrolladoras que se han dado a esas transcendentales preguntas a lo largo de milenios se han sustentado en las creencias y el poder. Aquí, el modesto y único apoyo que se ofrece es el de la ciencia. Sí, es un apoyo limitado, corto de miras, superficial y todo lo que se quiera decir para vilipendiarlo, pero es el que nos salva de infinidad de enfermedades, nos hace volar hasta llegar a la Luna y escrutar los confines del universo. También —y es lo más importante— nos permite vivir razonablemente bien en cuanto a los cuatro pilares que nos sustentan: la alimentación, el abrigo, el refugio y el calor que han asegurado nuestra pervivencia y evolución como humanos.

Cada cual que valore la fuerza y el rigor de las respuestas que han ofrecido la ciencia, única, y la infinidad de creencias. El protagonista de tal hazaña no será ningún personaje, tótem o dios, sino un sencillo átomo de origen ancestral: el carbono.

Los humanos, ya rematado el primer cuarto de siglo de este milenio, estamos inmersos en la vorágine de casi siempre: guerras locales, incluidas las genocidas; decadencia de potencias —más bien prepotencias— hegemónicas y resurgir de otras tradicionalmente inesperadas; regreso de ideologías olvidadas de liderazgos oscuros cuando no enloquecidos y lo más inquietante a la vez que sorprendente: crecimiento sostenido desde 1974 a razón aproximada de mil millones de personas cada doce años. Lo realmente sorprendente y esperanzador es que cada vez hay menor porcentaje de ellas con desnutrición endémica.

La ciencia y la tecnología nos llevan a libertades e intercomunicaciones hasta rayar en el desasosiego. La inteligencia artificial, la supercomputación cuántica y la realidad virtual nos hacen entrever que, si las controlamos, nos llevarán a un bienestar inaudito. O a la autodestrucción, porque el sustento de todo ello es la energía disponible, y cómo la generemos puede llevarnos a cumplir los mejores sueños o al aniquilamiento global si el planeta no resiste la agresión que conlleven nuestras decisiones.

No cabe duda de que ese futuro estará condicionado por el uso que hagamos del profundo conocimiento adquirido de los átomos. De esos átomos intuidos por Leucipo y Demócrito, relacionados por Epicuro con la alegría de vivir, ensalzados por Tito Lucrecio Caro, y, finalmente, clasificados por Mendeléiev en la espléndida Tabla Periódica. De esos átomos, ocultos durante dos milenios, destaca el carbono de manera singular.

De él trata este libro, pero también intentará provocar que, ante la transición ecológica, meditemos sobre cómo el carbón ha encauzado nuestra industrialización global, que sustenta en gran medida nuestro bienestar general.

Muchos idiomas tienen palabras distintas para el carbón y el carbono. *Kohle, coal, fahm,* en alemán, inglés y árabe, se refieren al carbón de las minas y el que se obtiene quemando madera parcial y juiciosamente. Este tiene muchísimo carbono, como es obvio, pero el nombre del oscuro producto procede justamente del latín *carbo* en idiomas como el español.

El carbono —el sexto elemento de la tabla periódica— es un átomo con seis protones positivamente electrizados en su núcleo, acompañados de un número parecido de neutrones, unidos todos ellos por la más intensa de las cuatro fuerzas fundamentales de la naturaleza: la fuerza nuclear fuerte.[1] Seis electrones envuelven a ese núcleo pululando a una enorme distancia de su superficie como una leve y sutil nube eléctrica de carga opuesta a la de los protones.

Este escrito pretende ser un homenaje, quizás póstumo, al carbón. Pero tal honra se verá exaltada porque explorar este singular átomo nos abrirá una perspectiva original del mundo con una amplitud que nos parecerá casi inabarcable. Así, culminaremos esta distinción agradecida con el nacimiento del sexto elemento y de su formidable viaje, —el más bello y fascinante que podemos imaginar— desde que se engendró en el seno de las estrellas moribundas hasta llegar a nosotros.

Las cuatro formas alotrópicas que definen la estructura del libro intentan mostrar hasta dónde puede llegar la importancia de este sexto elemento en nuestro planeta y quizás también en el universo en su conjunto.

Empezaremos por la más familiar, el carbón de mar —ya veremos por qué recibió tan bello y poco apropiado epíteto—. A este sombrío estado amorfo del carbón le reconoceremos el mérito de haber sido el motor de la deriva tecnológica de nuestra civilización.

Le seguirá el blando y negro grafito, pilar inicial de la cultura y el arte por su papel en la escritura y el dibujo.

En tercer lugar, se presentará el duro, espléndido y turbador diamante, símbolo del lujo y el poder, motivador de

tragedias, dramas e incluso de comedias y poemas. Pero
también el diamante es la segunda forma más bella del carbono, porque la primera es, sin duda, la que le da estructura y ordenación nada menos que a la vida.

Todo lo anterior quedará enmarcado, en la cuarta parte,
en los avatares sufridos desde su formación y en su peregri-
nar por el espacio y el tiempo.

El uso del carbón aún no ha cesado —quizás por ello el
carácter póstumo de este homenaje sea matizable—, pues
incluso en sitios tan decididamente ecologistas como Alemania está renaciendo su uso tradicional. En cualquier
caso, seguramente hay mucho futuro en el carbono. Las
nuevas disposiciones de sus átomos que se están descubriendo en las últimas décadas prometen un aprovecha-
miento técnico sutil, inesperado y fascinante, alejado por
completo de la tosca combustión.

Deambularemos por la historia, la filosofía y la ciencia,
explorando finalmente el universo a gran escala. El estilo
literario mezclará la narrativa de ficción, el ensayo, la poesía y la ciencia mostrada en metáforas. Algún orden crono-
lógico mantendremos, pero siguiendo caminos azarosos
llenos de recovecos y sorpresas.

No espere el lector un libro de divulgación científica al
uso, por más que tenga mucho de ello, porque la intención
ha sido elaborar un armonioso caos que entretenga mientras se aprenden cosas y haga pensar en las tres preguntas
planteadas: de dónde venimos, por qué existimos y qué
será de nosotros más allá de la vida.

Aun así, hay que advertir —con todo respeto, amable
sonrisa y excusas necesarias— lo siguiente.

El libro está dirigido a un público general, entendiendo
por ello a toda persona de una cultura y conocimientos
alcanzados por la educación reglada obligatoria. Sin em-

bargo, por la experiencia acumulada tras la publicación de una decena de libros de no ficción, principalmente con intención de popularizar la ciencia, y otras muchas actividades en este sentido, sé que quienes más los aprecian son las madres de adolescentes (de verdad); les siguen los profesores de instituto de física y química (muchos los usan en sus clases) y los graduados y profesionales de otras ramas científicas distintas a la física y la astrofísica. También acogen mis libros personas de oficios muy diversos, quizás porque continuamente me exijo recordar la sentencia del físico Ernest Rutherford, el descubridor del núcleo atómico.

Rutherford, además de un gran científico, fue un gran maestro que tuvo once discípulos galardonados, como él, con el Premio Nobel. Lo que les dijo en una ocasión fue: «Si le explicáis a un camarero lo que hacéis y no lo entiende, tened por seguro que el camarero no es tonto, sino que no sabéis lo que estáis haciendo». Yo añadiría: «o cómo explicarlo».

Aun así, ante una ecuación matemática (no hay ninguna en el texto que sigue) o una explicación científica, infinidad de personas cultas y curiosas tuercen el gesto y tratan de entrever cuántas páginas han de saltarse sin perder el hilo. En el peor de los casos, ahí quedó la lectura. Puede que se haga, pero conste que el nivel de los aspectos científicos que se van a desarrollar aquí lo alcanzamos todos, insisto, cuando teníamos la misma edad. Temprana, por cierto.

A pesar del misterio que encierra para quien esto escribe las causas de ese rechazo, sostengo firmemente que la ciencia no es más que otra vertiente de la cultura. Por ello, al igual que con todas las expresiones del arte, la filosofía, la historia, la poesía y el resto de las (mal) llamadas humanidades, el deleite que nos pueden proporcionar sus frutos a veces exige un generoso esfuerzo y bastante interés. Este último se acentuará conforme dicho placer se vaya abriendo paso. Creo que, tras entender los entresijos de la naturaleza a su nivel más íntimo, la dicha conseguida será calmada y profunda. ¡Cuánto habría dado el gran y sabio poeta Lucrecio por vislumbrar muchas de las cosas que se explicarán en estas páginas!

Aludiendo al más espléndido poema que —para mí— jamás se haya escrito, *De rerum natura*, he de avisar de nuevo. El libro tendrá algunos aspectos literarios, digámoslo así, pero jamás he escrito versos: no me he atrevido. Sin embargo, mi libro *Urania y Erató, un divertimento sobre la relación entre la ciencia y la poesía*, (Renacimiento, 2022), me obligó gozosamente a rellenar un grueso cuaderno con poemas copiados con estilográfica de infinidad de libros, a lo que también ayudó Internet. No mucho, porque ese deambular informático me aburre al poco rato y la caligrafía, de futuro tan incierto como el del carbón, sigo cultivándola con alegría.

Así pues, el camino que propongo con mayor o menor torpeza literaria nos lo alegrarán bellos poemas y pasajes de una amplia variedad de autores.

Si tal paseo no consigue conmover al lector, la culpa la tiene exclusivamente quien le invitó a darlo y lo guía con torpeza. El cual agradece a su compañero y amigo José Manuel Quesada Molina su análisis científico del manuscrito, a Abel Espinosa Miró su lectura crítica y fructífera y, particularmente, a Marcos Jaén Sánchez su admirable revisión editorial del texto final.

# PRIMERA PARTE
# EL CARBONO MÁS FAMILIAR

# 1
# UN VIAJE VERTIGINOSO

—Hice construir una máquina de hierro muy ligera, en la cual me instalé..., y cuando ya estuve bien firme y acomodado en su asiento tiré mi bola de imán con violencia y hacia lo alto. Entonces la máquina de hierro que intencionadamente había hecho yo más maciza en el centro que en las extremidades, se fue elevando con un perfecto equilibrio. Así, a medida que yo llegaba hasta el punto donde el imán me había traído, volvía a lanzar mi bola por encima de mí.

—Pero ¿cómo —le interrumpí yo entonces— podíais vos lanzar vuestra bola tan derechamente sin que se torciese a uno u otro lado?

—Nada ha de maravillaros esto —me dijo él—, porque el imán, que una vez lanzado estaba en el aire, atraía hacia sí el hierro derechamente, y, por tanto, no podía yo desviarme en mi ascensión. Os diré, además, que, aunque retenía la bola en mi mano no dejaba por ello de ascender, porque mi chirrión iba siempre en seguimiento del imán, que yo sostenía sobre mí; pero el ímpetu del hierro para unirse a mi bola era tan violento, que me hacía doblar todo mi cuerpo y quitarme el deseo de volver a intentar esta experiencia. Finalmente, después de haber lanzado muchas veces mi bola, y volar hacia ella tras este lanzamiento, llegué a este mundo.

*Viaje a la Luna,*
SAVINIEN DE CYRANO DE BERGERAC

Creo que lo más oportuno para iniciar el primero de los viajes que emprenderemos acompañados del sublime sexto elemento, el carbono, es comenzar con su forma más familiar: el carbón. Así, además, empezaremos a familiarizarnos con nuestro universo.

Este no es más que espacio y tiempo que contienen energía en dos formas: materia y radiación, —luz, si se prefiere—. Infinidad de galaxias, las estrellas que las componen y los planetas que orbitan en torno a ellas forman esa materia, aunque solo sea un pequeño porcentaje de lo que se ve, porque una gran parte de la que hay es oscura, de naturaleza aún desconocida. Una ínfima parte de esa materia visible somos nosotros y precisamente el carbono está en la base de nuestro ser. Vamos allá.

## A TRAVÉS DEL TIEMPO

Imaginemos que pertenecemos a una civilización extraterrestre tecnológicamente bastante más avanzada que la actual. La diferencia podría ser menor que la que nos separa de la imaginada por Cyrano de Bergerac y la nuestra en cuanto a vuelos espaciales.

Visitamos la Tierra hace unos 300 millones de años. ¿Es eso un pasado tan lejano como parece? Para comprenderlo, necesitamos situar esta distancia en la escala temporal de nuestro planeta. Para ello, hagamos un primer juego con los números, muy sencillo, para que el lector no se sienta abrumado en ningún momento.

La siguiente ocurrencia no es mía, sino de un geólogo llamado Don L. Eicher, que la elaboró una tarde seguramente calurosa de 1973. Convirtió los 4.500 millones de años que tiene la Tierra desde su formación en un año. Algunos hitos que se manifiestan en esta escala se nos representan con claridad meridiana.

La historia comienza, como debe ser, el 1 de enero de ese mágico año. Después de tremendos y prolongados cataclismos, en las charcas surge la vida más elemental en mayo. Las plantas, entre las cuales pululan animalillos de infinidad de especies —entre ellos insectos enormes—, alcanzan su esplendor a finales de noviembre. Los dinosaurios, tras muchos avatares geológicos y casi ninguno bueno, empiezan a dominar el panorama a mediados de diciembre y apenas llegaron a finales de mes. El mismísimo día de fin de año por la tarde aparecieron los primeros homínidos. Los hielos que cubrían Europa terminan de fundirse poco más de un minuto antes de que suenen las campanadas de fin de año. El imperio romano empieza su expansión al sonar los cuartos, es decir, unos 10 segundos antes de medianoche y aún hay tiempo para que siete segundos después Cristóbal Colón llegue a América. Al final de esos tres últimos segundos estamos ahora. Escalofriante, ¿cierto?

## VISITANTES DE LAS ESTRELLAS

Como visitantes extraterrestres que aterrizamos hace 300 millones de años —es decir, a principios de diciembre de nuestro fantástico año—, provenimos de un planeta de una estrella cercana al Sol en nuestra querida Vía Láctea. Veamos qué encontramos en ese bello planeta llamado Tierra, en el denominado mucho después por los terrícolas nativos Periodo Carbonífero.

En este ejercicio narrativo alternaremos naturalmente presente y pasado, singular y plural, como corresponde a quienes observan desde fuera del tiempo lineal. Para tal mareo, Edgar Rice Burroughs, en su *Trilogía de Caspak*, nos ofrece una perspectiva perfecta:

> Mientras permanecía allí bajo aquel árbol (un árbol que debería haber sido parte de un lecho de carbón desde hacía incontables siglos), y contemplaba el mar rebosante de vida (una vida que debería haber sido ya fósil antes de que Dios creara a Adán) no habría dado un vaso de cerveza rancia por mis posibilidades de volver a ver a mis amigos o al mundo exterior.

*Trilogía de Caspak 2: Los pueblos que el tiempo olvidó*

En primer lugar, observaremos unas condiciones que no nos permitirán soñar que alguna vez desembocarán en las que disfrutamos actualmente. Por lo pronto, el atlas que habremos trazado según vimos cuando nos acercamos a tierra, es muy distinto al que veríamos hoy.

El Ecuador pasaba por lo que hoy llamamos América del Norte y gran parte de Europa. Las mayores porciones de las tierras emergidas estaban muy próximas entre sí.

Dos conclusiones extraemos sin habernos bajado aún de nuestra nave, por ejemplo, en lo que llamaremos Iberia: el calor y la humedad han de ser tremendos, la flora exuberante, y la vida animal terrestre, si la hay, —que la habrá porque ya hemos visitado muchos otros planetas habitables—, será bastante homogénea. Esto último se deberá a que la uniformidad del clima en tan extensísimas áreas no habrá exigido la diversificación de las especies por adaptación al medio gracias a la selección natural. Además, la frondosa vegetación que ya vislumbramos seguramente hará que el oxígeno en el aire sea abundante.

Un planeta como este debería tener una atmósfera dominada por dióxido de carbono procedente de procesos volcánicos y rocosos, como la de otros planetas jóvenes que hemos visitado. La fotosíntesis que da vida a las plantas no consiste en otra cosa —por complejísimo que sea el proceso— que utilizar el dióxido de carbono y la luz del sol para desencadenar reacciones químicas que acaban produciendo oxígeno y que estas exhalan al aire. Al aterrizar, nuestros instrumentos confirman que la atmósfera terrestre tiene más de un 35% de oxígeno; una concentración muy superior al 21% actual.

## LA TIERRA DEL CARBONÍFERO

Paseamos en el vehículo aéreo de exploración y lo que contemplamos nos deslumbra. Nunca habíamos visto unas selvas de árboles tan descomunales, ni helechos y musgos tan enormes y frondosos que ocultan la tierra al completo, impidiendo así el aterrizaje para la exploración detallada.

Aquí y allá detenemos la pequeña nave a escasa altura y observamos animales más curiosos que inquietantes: anfibios e incluso algunos reptiles tímidos, serpientes indiferentes, ciempiés —algunos casi milpiés— enormes que pululan con movimiento ondulante, y lo que más maravillados nos deja son los insectos: cucarachas del tamaño de un palmo y libélulas voladoras del porte de futuros pájaros medianos.

Al llegar al mar, entrevemos a poca profundidad peces mucho más alarmantes, en particular tiburones. Decidimos regresar a la nave y convocar una asamblea.

La conclusión es unánime: el planeta no tiene interés, sobre todo porque era obvio que no había civilización alguna, y mucho menos tecnológica, con la que poder establecer un pacto de convivencia ventajoso para el resto de las sociedades galácticas. Además, los parámetros vitales de esos pantanos, mares, atmósfera, flora y fauna hacen inviable un progreso favorable. Obviamente, un drástico cambio climático es inminente y acabará con todo, incluyendo el futuro de la vida. Es previsible a escala geológica una deriva de los continentes alejándose del ecuador y yendo hacia los polos, así como una extensísima glaciación.

Tras un almuerzo apresurado, despegamos y partimos hacia las estrellas, ajenos al tesoro que dejamos sepultado bajo nuestros pies.

## EL SECRETO DE LA LIGNINA

Un detalle que no observaron aquellos visitantes —que, además, si se hubieran percatado de ello lo habrían considerado nimio— era la estructura y composición de la corteza de aquellos inmensos y abundantes árboles. Lo primero, la estructura, es muy sencillo: sus cortezas eran increíblemente gruesas. Lo segundo, su composición, es más complicado, pero se entenderá: abundaba en ella la lignina, un polímero orgánico muy complejo que le da consistencia a la madera. Esta sustancia es insoluble, tóxica para infinidad de insectos, apenas se deja degradar por hongos ni bacterias y, en fin, forma una coraza indestructible para el precioso interior del tallo.

Por otro lado, la abundancia de oxígeno en el aire seguramente propiciaba pavorosos incendios a pesar de la humedad. Eso, unido a varios factores más sobre los cuales aún no hay consenso científico, llevó al colapso de la inmensa selva tropical. Como causa, más que como efecto, uno de esos factores fue un cambio climático de los muchos que han tenido lugar en el planeta. Aquel cambio fue hacia la glaciación, como quedó apuntado.

Hubo extensísimas zonas quemadas en incendios provocados por volcanes, tormentas y demás; también muerte natural de los árboles y difícil reforestación espontánea por condiciones cada vez más adversas. Grandes zonas pantanosas aislaban aún más del oxígeno a los árboles caídos, los cuales, por otra parte, y como hemos visto, estaban acorazados por la lignina. Todos esos elementos favorecen el proceso de fosilización, que es simplemente la mineralización de restos vegetales o animales que necesitan poco más que aislamiento —sobre todo del oxígeno aéreo—, y tiempo, mucho tiempo. Las capas de rocas sedimentarias que se van acumulando sobre las selvas muertas en gran parte del planeta transforman esos fósiles vegetales en carbón. Pueden haberse fosilizado completamente en zonas relativamente superficiales o a cierta profundidad a lo largo y ancho de todo el mundo.

## EL LEGADO DEL COLAPSO

La transformación del clima tuvo un protagonismo decisivo o secundario, pero el colapso de la selva conllevó una extinción animal de proporciones apocalípticas. Hubo que esperar muchos milenios para que la biodiversidad se fuera recuperando y, desde luego, tendría poco parecido

con la de aquel Período Carbonífero. La homogeneidad de
la biosfera se alteró por distintos climas locales, la separación de los continentes era imparable, la composición más
suave de la atmósfera y otros muchos factores hicieron
que la diversidad de las especies fuera muy variada y colo-
rida.

En aquel marco se generó lo que milenios después sería
el fascinante carbón, que transformaría la vida a los seres
que íbamos a evolucionar —bien que a trompicones— hacia la civilización científica y técnica.

# 2
# DE LA MINA A LA CALDERA

Lord Henry Wotton se consagró a cultivar con seriedad el gran arte aristocrático de no hacer absolutamente nada. Se preocupaba algo de la gestión de sus minas de carbón en las Midlands, y se excusaba de aquel contacto con la industria alegando que poseer minas de carbón otorgaba a un caballero el privilegio de quemar leña en el hogar de su propia chimenea.

*El retrato de Dorian Gray*,
OSCAR WILDE

El carbón como combustible lo utilizaron casi todas las sociedades desde tiempos inmemoriales. Pero no era el carbón mineral del capítulo anterior, sino el llamado vegetal. Mal llamado vegetal, porque ya hemos visto que todo el carbón procede originalmente de materia vegetal, sin embargo, al extraído de las minas se le denominó mineral e incluso —como veremos— carbón de mar.

El vegetal lo obtenían los antiguos —e incluso actualmente en países pobres— calentando madera joven, protegida del oxígeno del aire para evitar que ardiera. En el interior de construcciones rústicas de abobe y otros materiales, dispuestas en forma abovedada, se amontona la madera. Por debajo, se aplica fuego controlado —con carbón o leña ardiente— evitando que la llama prenda directamente en el montículo a carbonizar, hasta conseguir así llevarlo a alta temperatura. En poco tiempo y con habilidad acumulada por la experiencia, el montón de leña se ha convertido en carbón.

El carbón vegetal se usaba en los hogares para lo lógico: calentarlos y cocinar. También las fraguas de distintas herrerías eran buenas consumidoras. La ventaja era que el carbón no arde en llamas sino en ascuas incandescentes. Tampoco expele mucho humo, aunque el invisible e inodoro monóxido de carbono que acompaña al dióxido tras la combustión puede asfixiar a cualquiera sin que se percate del peligro. El problema se veía agravado que el escape de humo de los hogares —la «chimenea»— era un agujero en el techo.

## AUGE, CAÍDA Y RENACIMIENTO DEL VAPOR

Un punto de inflexión en la historia del uso del carbón pudo haber ocurrido más de mil años antes de que realmente ocurriera. La primera transformación técnicamente viable de la combustión química en trabajo físico la hizo Herón de Alejandría el siglo I de nuestra era. Se trataba de la eolípila o motor de Herón. Consistía en hervir agua en una caldera y hacer pasar el vapor por un simple artilugio al que su presión hacía girar enloquecidamente. Era poco más complejo que una olla exprés actual esférica a la que se le acopla un molinete al orificio de salida del vapor, y todo ello engastado en un eje apoyado en sus extremos que le permite girar.

**Figura 1.** Eolípila o motor de Herón.

Los escritos históricos suelen afirmar que los inventos de Herón se consideraban en su época poco más que juguetes. Aunque esta interpretación es discutible, conviene examinar otras consideraciones que matizan tal juicio. Herón era un gran matemático y su filosofía entroncaba con los atomistas, en particular Epicuro. Como ingeniero, sus artefactos iban mucho más allá del entretenimiento. En este terreno es cierto que sus autómatas parecían prodigios y sin duda se pueden considerar los robots primigenios. Quizás también las palomas metálicas voladoras impulsadas por vapor a alta temperatura —dando vueltas al tronco de un árbol, cada vez más deprisa por ir disminuyendo el radio de la cuerda que la sujetaba a él— pueden entrar en el terreno lúdico. Pero mecanismos para abrir pesadas puertas, válvulas para liberar agua por presión, órganos musicales, calendarios mecánicos perpetuos que podían anticipar no solo las fases de la luna sino los eclipses, y muchos otros inventos, estaban lejos de ser juegos.

La Edad Media inició su parsimonioso transcurrir, pero el aumento de población y la deforestación que conllevaba, por paulatina que fuera, incentivó la minería del carbón. Parece que el inicio de tal actividad fue más o menos simultáneo en toda Europa, aunque donde mejor se constató documentalmente fue en Inglaterra. Hay indicios escritos de que el carbón mineral se utilizaba en aquellos lares en el siglo XII. Una fuente temprana y bien documentada es el *Boldon Book* de 1183, donde se registran minas de carbón entre las posesiones del obispado de Durham. También existen cartas reales del siglo XIII otorgadas a monasterios del área de Newcastle y Durham que regulan las actividades mineras. Estos documentos confirman que la explotación del carbón ya estaba establecida al norte de

Inglaterra, concedida en forma de privilegios eclesiásticos que no eran más que permisos de excavación.

Las condiciones en que se llevaba a cabo esta rudimentaria minería eran espantosas. Viudas pobres e incluso prostitutas retiradas —muchas de ellas con sus hijos, maleantes—, viejos y desgraciados de toda laya arrancaban carbón como podían. Lo hacían a cambio de comida y cobijo: les permitían alojarse en las propias minas. La gente en general no es que los despreciara, sino que los ahuyentaban cuando trataban de acercarse a los pueblos. La negrura de sus desgarradas vestiduras y la suciedad sempiternamente incrustada en la piel les daban un aspecto siniestro, aparte del mal olor que expelían.

Desde entonces, Europa aprovechó cada vez más el carbón subterráneo. Curiosamente, como mencionamos al principio, no se le llamaba mineral, sino carbón de mar, denominación que obedecía a su transporte marítimo o fluvial en barcos o en barcazas. Una trágica particularidad que revela el estudio de aquella época es que las curvas de crecimiento del consumo de carbón muestran caídas abruptas y recurrentes. Coincidían con las epidemias, sobre todo las de peste negra. La peor fue la que acabó con unos 200 millones de personas desde el norte de África hasta Eurasia. El bajón en Europa tuvo lugar en tres o cuatro años en torno a mitad del siglo XIV.

La ciencia y la técnica griegas del periodo helenístico y la ingeniería romana suponían las bases sólidas para abrir paso a la revolución industrial, pero fueron olvidadas durante un milenio. De hecho, fue Leonardo da Vinci el que más detallada y fructíferamente estudió los diseños de Herón. Pero esos frutos fueron más artísticos que prácticos. Ninguno de los muchos inventos de Leonardo se construyó en su época, sobre todo porque los militares argüían en contra de sus fantasiosas máquinas de guerra que provocarían más bajas en el ejército propio que en el enemigo.

Fue el filósofo natural y astrónomo napolitano Giambattista della Porta, del periodo tardorrenacentista, el que en su libro *Pneumaticorum libri tres* de 1601 redescubre y desarrolla las ideas termodinámicas de Herón y construye la primera máquina de vapor. El objetivo del artilugio era mover e impulsar el agua de una fuente ornamental. Pero el vapor que impulsaba aquel bello tinglado provenía del hervor del agua generado por el calor del carbón ardiente. Entonces sí que se empezó a abrir —bien que tímidamente— la posibilidad de que el mundo cambiara tan profundamente que aquello se consideró una transformación revolucionaria.

El carbón vegetal y el extraído escasamente hasta entonces por su peligrosidad dio paso a la explotación masiva de las minas ya conocidas, horadando las entrañas de la tierra por doquier. Los ricos se hicieron muchísimo más ricos y un buen sector de los pobres de infinidad de regiones europeas se vieron condenados a uno de los trabajos más duros que se podía imaginar. La minería del carbón se unió a la pesca de altura cobrándose el precio más alto de la historia laboral de la humanidad.

La leña quedó prácticamente para elaborar el carbón de los más pobres y alimentar las elegantes chimeneas de los más ricos. Y así se abrió paso una gran revolución que convulsionaría el pausado devenir de la humanidad.

—He visto muchas cosas que ustedes no han visto. Los millares de emigrantes que lucharán gustosos con los yanquis, por la comida y unos dólares; las fábricas, las fundiciones, los astilleros, las minas de hierro y de carbón y todo lo que nosotros no tenemos. Lo único que poseemos es algodón, esclavos y arrogancia Nos aniquilarán en un mes.

*Lo que el viento se llevó,*
MARGARET MITCHELL

## LA MAL LLAMADA REVOLUCIÓN

Sobre la llamada Primera Revolución Industrial se han escrito toneladas de libros a cuál más sesudo. Lo más interesante es que ha sido materia analizada a fondo por una variedad tal de especialistas que seguramente ningún otro hito histórico ha logrado atraer. Entre ellos, historiadores, sociólogos, ingenieros, filósofos, científicos, economistas, médicos, politólogos (¿?) y hasta teólogos (¡!). En mi opinión, todos estos enfoques resultan válidos; sus diferencias radican en el énfasis que cada especialidad —voluntaria o involuntariamente— impone al analizar las causas, desarrollo y consecuencias de tan grandiosa transformación.

Por mi modesta parte —no tengo otra ambición que encajar dicha revolución en el contexto del libro—, lo primero que sostengo es que aquello fue un viraje radical en el desarrollo de la humanidad que estuvo lejos de ser brusco. O sea, que de revolución nada de nada. De hecho, a esa primera transformación basada en el vapor, como sabemos y comentaremos después, le siguieron otras como la segunda, sustentada ya en la electricidad y las primeras comunicaciones, y tantas otras. En la que estamos inmersos a finales de este primer cuarto del siglo veintiuno —alentada por la inteligencia artificial, la computación cuántica y las nuevas fuentes de energía con la fusión nuclear al fondo— ya no sé si catalogar como cuarta o la quinta revolución. Quede pues a criterio del lector el peso que desee dar a las causas de aquella primera transformación.

El siglo XVIII, hasta que al final lo revolvió Napoleón iniciando un XIX enloquecido, fue un siglo bastante tranquilo en cuanto a guerras extendidas, lo cual conllevó un crecimiento demográfico muy importante. La agricultura, la deforestación y el alargamiento de la esperanza de vida debido al control de epidemias y al desarrollo sensato de la medicina exigían un cambio en la producción de bienes básicos: alimentación, abrigo y vivienda.

Europa, y más la aislada Inglaterra, empezaba a atiborrarse de gente, quedándose sin tierras de cultivo para alimentar a todo el mundo. Había que expandirse. A los imperios anteriores, sobre todo el español, ni había manera de derrotarlos ni parecía que pudieran evitar a medio plazo la independencia de muchos de sus inmensos territorios. Los ingleses concretamente, por más que les conviniera arrebatar tierras americanas a los españoles debido a su proximidad y riqueza, viendo que estos no se dejaban y sus futuros descendientes posiblemente aún menos, se tuvieron que largar al otro extremo del mundo. El transporte de productos desde grandes distancias se hacía inevitable. Y con él, el comercio internacional. Había que pararse a pensar.

La leña para los hogares, las fraguas y las fundiciones de hierro daba cada vez para menos. Ya no se podía abastecer la demanda con las talas de las ramas, sino que había que atacar los tallos. La deforestación se veía a las claras de manera alarmante. Aquí y allá, tras afanosa búsqueda, se estaban descubriendo buenos yacimientos de carbón mineral.

Otro factor decisivo: alguien en Inglaterra había perfeccionado las antiguas máquinas de vapor, haciendo viable, con una de ellas, succionar el agua de las primeras minas, porque esta entorpecía la extracción de los minerales y aparecía por doquier. A la máquina la llegaron a llamar la amiga de los mineros. Poco a poco, se pensó que aquel enorme artefacto que inventó Thomas Newcomen en 1720, que tan bien convertía el vapor de agua en energía mecánica, se podía aplicar a otros usos. Los molinos de viento y de agua fluvial no iban a suponer ya una limitación, porque los nuevos artefactos se podían instalar en cualquier sitio. Aunque, eso sí, necesitaban carbón para calentar sus enormes calderas; pero había —y aún hay— mucho y por doquier. Recuérdese la exuberancia de los bosques del Periodo Carbonífero.

Otro problema era que el hierro que exigían esas descomunales máquinas no solo había que obtenerlo, sino que sus propiedades habituales habrían de sofisticarse. Ahí tenemos de nuevo el carbón, porque este permite llegar a muy altas temperaturas y, sobre todo, con un manejo cuidadoso y bien estudiado, se consigue pasar del hierro al acero. Entonces sí que empezó el viraje, tanto es así que el primer atisbo de unidad europea después del espanto de la Segunda Guerra Mundial, corriendo ya el año 1951, se llamó Comunidad Europea del Carbón y el Acero. Su objetivo, aparte de los meros asuntos políticos, era reindustrializar el continente, y ya se tenía muy claro en base a qué se podía llevar a cabo.

## EL FERROCARRIL: LA GRAN TRANSFORMACIÓN

La extracción del carbón no fue solo lo que motivó el desarrollo de la máquina de vapor, sino su aplicación en aquello que impulsaría vigorosamente la transformación industrial: el ferrocarril.

Las vagonetas para llevar el mineral desde los cada vez más profundos pozos y galerías hasta los elevadores y la superficie rodaban por raíles de madera. Eran tiradas por pobres animales que apenas veían la luz del día en toda su vida. Los mineros tampoco vivían mucho mejor, pasando hasta catorce horas diarias de excavación en condiciones duras y peligrosas. Pronto se desarrollaron los motores de vapor para la tracción de las vagonetas mineras. La eficacia alcanzada en las minas, que aumentó al cambiar los raíles de madera a acero, hizo soñar en el ferrocarril como medio de transporte terrestre. Y de ahí no había que dar más que un paso para instalar esas novísimas máquinas en los barcos.

Una nueva originalidad surgió espontáneamente en la historia. Los barcos se construían desde mucho antes que Arquímedes enunciara su principio fundamental de la hidrostática. Las fortalezas militares se diseñaban antes de que se formulara la mecánica estática. Sin embargo, que una técnica, la de las máquinas de vapor, se adelantara tanto a la ciencia que la debería sustentar hizo que esta se desarrollara creativa y productivamente. La formulación matemática rigurosa de la rama de la física, que se llamó Termodinámica, facilitó extraordinariamente el diseño y rendimiento de las máquinas de vapor.

Industrias de todo tipo, con el textil y la siderurgia a la cabeza, se expandieron por Europa empezando en gran medida por el norte. Por cierto, los teólogos, como apuntamos sorprendidos, le dieron explicación a esto. Las nuevas fábricas atrajeron a infinidad de campesinos a las ciudades donde se instalaban. El trabajo era duro y mal pagado, pero seguro y en expansión. Los luteranos y calvinistas consideraban el trabajo un bien fundamental; los católicos un castigo consecuencia del pecado original. Las herejes

Inglaterra, Bélgica y Holanda fueron las primeras sociedades en industrializarse; las cristianas verdaderas, Italia, España y Portugal, las últimas. El argumento es pobre, pero algo tuvo que ver con las causas históricas de la desigual evolución industrial.

Carreteras, canales y vías ferroviarias tejieron una red cada vez más intrincada y extensa por Europa y, poco a poco, por el resto del mundo. La aristocracia, los artesanos y la pobrería mutaron en gran proporción a burguesía, técnicos y proletarios, respectivamente. Los restos de esclavitud se fueron esfumando no por bondad, generosidad ni altura de miras, sino por ineficiencia. Los esclavos había que capturarlos, trasladarlos, y, después de comprarlos cada vez más caros, había que mantenerlos. Los proletarios, para trabajar igual e incluso en mucho peores condiciones, iban al tajo voluntariamente. Muchos, como los inmigrantes actuales, viajaban hasta allí como podían, por su cuenta, y el salario no daba para mucho más que la manutención. No es conocido por todo el mundo que, por ejemplo, un buen número de las grandes líneas ferroviarias estadounidenses las construyeron oleadas de chinos. La productividad de aquellos proletarios, por otro lado, era inmensamente mayor que la de los esclavos.

Los aristócratas que no se apartaban del principio de que el dinero se tiene, no se gana, fueron quedando orillados por una burguesía industrial cada vez más rica y poderosa.

Hágase el análisis que se haga, la mal llamada Revolución Industrial tuvo en el carbón todo sustento, impulso y vigor y en el minero todo el mérito. Lo cual merece una bella loa.

Es él. Está lloviendo.
Es él. Mi padre viene mojado. Es un olor
a caballo mojado. Es Juan Antonio
Rojas sobre un caballo atravesando un río.
No hay novedad. La noche torrencial se derrumba
como mina inundada y un rayo la estremece.
Madre, ya va a llegar: abramos el portón,
dame esa luz, yo quiero recibirlo
antes que mis hermanos. Déjame que le lleve un buen vaso de vino
para que se reponga, y me estreche en un beso,
y me clave las púas de su barba.
Ahí viene el hombre, ahí viene
embarrado, enrabiado contra la desventura, furioso
contra la exploración, muerto de hambre, allí viene
debajo de su poncho de Castilla.
Ah, minero inmortal, ésta es tu casa
de roble, que tú mismo construiste. Adelante:
te he venido a esperar, yo soy el séptimo
de tus hijos. No importa
que hayan pasado tantas estrellas por el cielo de estos años,
que hayamos enterrado a tu mujer en un terrible agosto,
porque tú y ella estáis multiplicados. No
importa que la noche nos haya sido negra
por igual a los dos.
—Pasa, no estés ahí
mirándome, sin verme, debajo de la lluvia.

«Carbón»,
GONZALO ROJAS

## LA MINERÍA MODERNA

Podemos imaginar que, por la abundancia de carbón debido a la plétora de los bosques del período Carbonífero y los avatares geológicos que sus restos han sufrido después, el ansiado combustible se encuentra en la naturaleza en muchas formas y composiciones. Aunque este escrito esté alejado en extremo de un libro de texto, recordemos por un momento lo que nos enseñaron en la escuela.

El carbón se puede presentar en cuatro formas fundamentales: la turba (el peor), los lignitos (los pardos, es decir, que no llegan ni a negros, son casi tan malos como los anteriores), la hulla (el más digno) y la antracita (el mejor). El orden en que se encuentran en cuanto a profundidad es, con infinidad de excepciones locales, el mismo. Así pues, tenemos carbones en la superficie y en el interior de la tierra a más o menos profundidad. Los superficiales, a su vez, pueden estar en llanuras o montes. Los profundos pueden tener intercaladas capas de rocas, casi todas sedimentarias, que hay que atravesar o soslayar. Estas últimas condiciones son en las que se encuentran los mayores yacimientos de carbón. Y, obviamente, las que más peligro entraña su extracción.

Por eso, la figura por excelencia del minero no es la del operador de una máquina, dinamitero o camionero a cielo abierto, sino la del que se metía hasta no hace mucho en pozos y galerías oscuras armado de pico y pala, unas jaulas con canarios y una tímida lámpara en el casco. Lo primero exigía mucha habilidad y fuerza; la avecilla y el yelmo no servían para casi nada. Las explosiones de grisú y los derrumbes eran el azote de los mineros, pero sin duda, el mayor número de los que perecieron fue por enfermedades pulmonares.

Hay infinidad de datos de numerosas fuentes sobre la mortandad de los mineros del carbón. Son estremecedoras, pero en la mayoría de los casos poco fiables. Y conste que no lo digo poniendo en duda la competencia de los autores de esas fuentes, sino por la discrepancia entre muchos de ellos, que, por muchas razones, es lógica. ¿Son igual de accesibles los datos de las minas chinas, indias o sudamericanas que las de Inglaterra, Estados Unidos o España? Y de estos tres países no son igual de fiables los datos del siglo xx que los del xix. Por eso no citaré fuentes, pero sí algunas cifras que considero estimaciones basadas sobre todo en estos tres países.

Para principios del siglo xx, la ratio que se puede concretar con cierta fiabilidad es uno de cada cinco mineros muertos por accidentes a lo largo de su vida laboral. A finales de siglo, esta cantidad descendió en un orden de magnitud: uno de cada cincuenta. El número de muertos prematuramente por enfermedades pulmonares u otras asociadas a las minas no se sabe, pero se teme que fuera estremecedor.

Hoy día los accidentes son raros, sobre todo porque las máquinas modernas de superficie son descomunales en tamaño y dotadas de medios automatizados, informáticos y de seguridad impresionantes. Las de profundidad tienen pareja dotación. Quizás estas sean menos espectaculares, pero admirables en cuanto a eficiencia. Piénsese que los mineros antiguos (en España hasta la década de 1960) trabajaban picando, arrastrando sacos o canastos hasta las vagonetas y asegurando los estrechos túneles horadados a mano con tablones para evitar derrumbes. Y el maldito grisú siempre amenazando. Hoy día, máquinas subterráneas horadan y aseguran las bóvedas a la vez que llenan las vagonetas que se deslizan autónomamente hacia el exterior o donde sea menester.

¿Cómo se ha conseguido alcanzar esos niveles de seguridad? Con mucha ingeniería e inversión, pero sobre todo con mucha lucha minera.

Si inciertos son los datos en cuanto a víctimas de los accidentes y las enfermedades, mucho más oscuros son los relativos a los caídos en la represión de los movimientos reivindicativos mineros. China posiblemente esté a la cabeza histórica de este horror, pero ningún país se ha salvado de ello. En España no es de extrañar que el sindicato de clase moderno con fuerza arrolladora se fundara en pleno franquismo: las primigenias Comisiones Obreras fueron surgiendo a finales de los años 1950 en las zonas mineras de Andalucía, León y, sobre todo, Asturias.

En estas páginas interesa más que mucho de lo anterior, al menos para quien las escribe, la figura del minero en la historia de la evolución social. Empezaron siendo unos desgraciados y acabaron como héroes populares. En las zonas mineras ningún oficio conllevaba más prestigio que el de minero. Tanto es así que era condición heredable. Pero el curso de la historia hizo una nueva virada.

## EL CAMBIO CLIMÁTICO Y EL FIN DE UNA ERA

La combustión es un proceso químico muy sencillo… en principio. El carbono del carbón se une al oxígeno del aire y libera, sobre todo, dióxido de carbono, agua en forma de vapor y la preciada energía. Pero también, dependiendo de la calidad del carbón, el contenido de carbono puede ir acompañado de otros muchos elementos, como el azufre, e incluso algunos —bien que de manera bastante vestigial— son radioactivos. Sí, una central eléctrica de carbón expele más radiactividad al ambiente que una nuclear, la cual —salvo catástrofe— mantiene contenida toda emisión radioactiva. Sorprendente, ¿cierto? Pues científicamente es de una evidencia indiscutible: no hay más que colocar detectores de radiación en las chimeneas.

El dióxido de carbono lo pueden absorber los océanos y las plantas en el prodigio que veremos que es la fotosíntesis. Pero todo equilibrio se ha ido rompiendo desde hace años. El efecto invernadero —es decir, el aumento de temperatura de un sistema como la atmósfera— se hace paulatino, aunque imparable, al impedir que la sobreabundancia de dióxido libere una parte del calor que el planeta recibe del Sol.

La sospecha que se tuvo hace décadas de que esto podía ocurrir se confirmó sin el más mínimo atisbo de duda. Que ese aumento de temperatura lleve a un cambio climático a escala global es todavía científicamente discutible, y que la causa sea la anterior, el $CO_2$ expelido por la industria, el transporte y demás, también. Lo que es indiscutible es que el riesgo es tan grande y las consecuencias, quizá, tan nefastas que es desquiciado no enfrentarse a esa posibilidad. Y, lógicamente, la primera medida a tomar es expeler menos dióxido de carbono (entre otros gases, como el metano). Es decir, usar más ciertas fuentes de energía y encontrar otras.

Los gobiernos de todo el mundo empezaron a tomar medidas dispares y en demasiados casos disparatadas. En España, ejemplo ni mucho menos único, se decidió dejar de extraer nuestro carbón y comprar gas mientras se desarrollaba un ambicioso plan de energías renovables. Se llegó muy rápidamente a la clausura de todas las minas de carbón y, posteriormente, de las centrales eléctricas térmicas de este mineral. En el ínterin, se compró también carbón en el exterior, sobre todo a Indonesia.

El cierre de las minas obviamente acabó con los mineros, a los cuales les ofrecieron pensiones generosísimas (todo gobierno temía, con razón, la capacidad de organización, lucha y bravura que podían esgrimir). Las principales cuencas mineras cambiaron profundamente.

Exmineros, muchos de ellos jóvenes y con el futuro económicamente asegurado sin necesidad de trabajar en nada, suponen un caldo de cultivo de comportamientos, digamos, peculiares. Desde luego, en ningún caso se parecerá al de los mineros que hemos apuntado y que de manera tan bella y profunda ilustraba Gonzalo Rojas en el poema reproducido más arriba.

Nada se puede criticar al hecho de que en esas cuencas mineras la calma y el bienestar social no genere noticias, porque es lo mejor que puede ocurrir. Pero hay indicios que algunos consideran inquietantes. Compárese, sin más trascendencia, el poema de Rojas con la letra de la canción del grupo de rock *Siniestro Total*:

En vez de pico, metralleta
en vez de casco, un embudo
lo que más nos divierte
es dar patadas en el culo.
Cuenca minera
Borracha y dinamitera.
Estamos lobotomizados
ya tenemos cruzaos los cables
somos violentos de cuidado
y maldecimos sólo en bable.
Cuenca minera
Borracha y dinamitera.
Cuenca minera como una regadera.
Ni siquiera la estricnina
nos divierte en esta mina
pero qué bien sienta en los pulmones

el grisú a borbotones.
Mira la ruleta rusa
y los duelos a primera sangre
son juegos para marujas
son para muertos de hambre.
Nos bebemos mil cervezas
porque aquí ya no hay mujeres
en medio del tiroteo
que hay entre Langreo y Mieres.
Nos damos todos de hostias
y el que así se muera pierde.
Porno duro y carbón
maricón el que no juegue.
Cuenca minera
borracha y dinamitera.
Cuenca minera como una regadera.

Al menos es divertida, y quizás ilustre mejor que extensos
análisis sociológicos el cambio de una época a otra.

# 3
# ABANDONO Y RETORNO

—Me he sentado ante un fuego de carbón y lo he visto refulgir, lleno de su abrumada vida llameante; lo he visto desvanecerse bajando hasta el polvo. ¡Viejo de los océanos! ¡Qué quedará por fin de toda tu vida impetuosa más que un montoncito de cenizas!

—Eso es —gritó Stubb—, pero cenizas de carbón marino, no lo olvides, Starbuck; carbón de mar, no vulgar carbón de leña.

*Moby Dick,*
HERMAN MELVILLE

La pregunta fundamental que deriva de lo expuesto sobre la posibilidad de un cambio climático global es si realmente estamos descarbonizando el progreso. No es este un libro que pretenda apoyarse excesivamente en gráficos y tablas numéricas, pero algún que otro ayuda más que muchas palabras y facilita la reflexión. Uno de los dos que he elegido entre la infinidad accesible en Internet corresponde al consumo de carbón en millones de toneladas (Mt) en el mundo en 2022. Ambos son de la Agencia Internacional de la Energía (IEA o International Energy Agency).

| | |
|---|---|
| China | 4,554 |
| India | 1,157 |
| Estados Unidos | 469 |
| Rusia | 249 |
| Indonesia | 216 |
| Japón | 179 |
| Alemania | 168 |
| Sudáfrica | 155 |
| Turquía | 130 |
| Polonia | 111 |
| Corea del Sur | 110 |
| Australia | 92 |

**Figura 2.** Consumo mundial de carbón (Mt) en 2022.

Las conclusiones que arroja este primer gráfico resultan a la vez sorprendentes y estremecedoras.

Consideremos la importancia del Ecuador: esta línea imaginaria divide nuestro planeta en dos hemisferios de igual superficie, algo que los mapamundis convencionales no siempre reflejan bien. Ese paralelo singular pasa aproximadamente por el norte de Sudamérica, mitad de África, sur de Filipinas, etc.

Por cuestiones puramente físicas, resulta que las masas de aire de cada hemisferio se mezclan de forma limitada. Y también por razones insoslayables y más sencillas de entender, los gases se homogenizan a buen ritmo. La conclusión es obvia: el Norte está generando muchísimo más dióxido de carbono que el Sur.

Las consecuencias son casi igual de claras.

La primera es que o el proceso de descarbonización es global o las acciones locales —como el abandono del carbón por parte de muchos países europeos, por ejemplo, España— son bastante poco relevantes.

La segunda es que, por limitado que sea el intercambio atmosférico entre hemisferios, el cambio climático nos afectará a todos casi por igual, porque los factores que se encargarán de ello son la alteración de las corrientes oceánicas, la desglaciación norteña y la subida del nivel de casi todos los mares y océanos.

La injusticia es palmaria, porque, encima, la mayoría de los países menos culpables —casi toda África y gran parte de Sudamérica— son los más pobres.

## EL PANORAMA GLOBAL

Europa, la CSI (Comunidad de Estados Independientes)
—que incluye países como Rusia, Kazajistán y Bielorru-
sia— y Estados Unidos han reaccionado, bien que tímidamente, al problema de la descarbonización. La principal
sustitución del carbón que han hecho ha sido por el gas,
menos contaminante pero igualmente basado en la combustión química, o sea, en la generación de dióxido de carbono. Lo que han contrarrestado las energías renovables a
nivel global aún es irrelevante. Esperemos no tener que
añadir la desesperanzadora coletilla «y siempre lo será».
América Latina, Oriente Medio y África, lamentablemente, cuentan poco en este asunto. Pero, finalmente, obsérvese Asia, en este segundo gráfico, en un gris más claro, también de la Agencia Internacional de la Energía, sobre la
evolución de dicho consumo por continente y grandes zonas desde 1990:

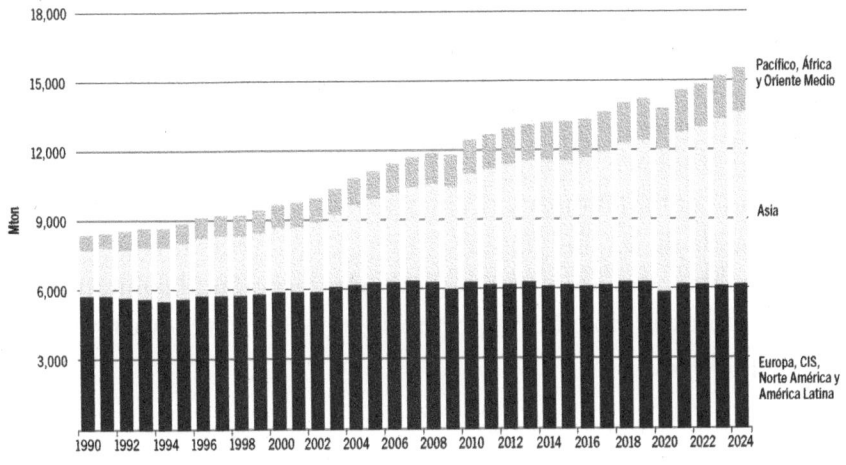

**Figura 3.** Evolución del consumo mundial
de carbón desde 1990 (en millones de toneladas).

Desde que se empezó a temer que el indiscutible calentamiento global podría llevar consigo un cambio planetario de clima, hemos aumentado el consumo de carbón, en conjunto, en torno al doble: de cuatro mil y pico Mt (millones de toneladas) a ocho mil y pico. Así que, pensando en la homogeneización de la composición gaseosa de la atmosfera por hemisferios y la transmisión de sus efectos a escala global, podría ocurrir que nos estamos dirigiendo, a sabiendas, directamente al desastre climático.

¿Cómo se puede desacelerar esta locura? Detenerla, si es que aún no es irreversible, es imposible hasta dentro de muchas décadas.

Como soy de naturaleza optimista y detesto el catastrofismo, el consuelo puede ser que los cambios planetarios, salvo aquellos ocasionados de forma desastrosa e irremediable —como el impacto de un asteroide de buen porte—, suelen ser muy lentos. Aunque sistemas altamente complejos como la atmósfera también pueden ir acumulando causas pausadamente y hacer desencadenar los efectos en un breve lapso de tiempo. En cualquier caso, podemos estar jugando a la ruleta rusa con este asunto.

Personalmente, solo entreveo tres maneras de afrontar el problema: el cambio de paradigma productivo, el aumento gradual e imparable del uso de nuevas fuentes de energía no contaminantes y, lo más realista, la combinación razonable de las dos vías anteriores. La palabra clave es «razonable», por lo que supone de intervención absolutamente imprescindible del factor posiblemente más inquietante: la política.

## ALEMANIA: EJEMPLO PARADIGMÁTICO

La palabra alemana *Zeitenwende* puede tener varias acepciones: cambio de era, o menos ambiciosamente, época, pero también punto de inflexión o punto de retorno. Alemania nos ofrece el ejemplo más ilustrativo —y desconcertante— de las contradicciones de la política energética actual.

Poco después de la catástrofe de Chernóbil, en Alemania se formuló la idea de la *Energiewende*. Esto significaba el cambio de modelo energético que conllevaba abandonar la energía nuclear (tenían 17 reactores operativos) y basar la producción en el carbón y la energía solar. Tras el accidente de Fukushima, se reafirmaron en cuanto a la nuclear, pero matizaron el resto: incorporarían la eólica y, en lugar de carbón, quemarían gas. Aquello preocupó bastante, porque carbón —aunque fueran los pobretones lignitos pardos— los alemanes tenían en abundancia, mientras que gas, ni para cargar un mechero. Se lo compraban a Rusia y en paz.

El expresidente Schroeder se brindaba a hacer ventajoso el negocio para ambas partes, lo cual fue aceptado con entusiasmo por su sucesora Merkel, y sobre todo por el Kremlin. Hasta que llegó la guerra de Ucrania y todo el colosal entramado gasístico establecido con Rusia se le vino abajo a Alemania. Buscaron gas en catorce países: desde Arabia Saudí a Noruega, de Estados Unidos a Irak pasando por Colombia, Australia, Senegal y váyase a saber dónde. El problema era que no tenían dónde almacenar el gas licuado, que de otra forma no llegaba desde sitios tan lejanos. Y ahí se mostró una vez más la eficiencia germana, porque construyeron al menos seis terminales en poquísimo tiempo. A precio de oro, claro.

Polonia, el otro gran contaminador europeo por carbón, eligió la senda contraria: planificar el desarrollo de la energía nuclear.

## LAS CONTRADICCIONES DEL PRESENTE

Pasado el sopitipando, el gobierno alemán —con Los Verdes en coalición y capacidad decisoria absoluta— recuperó el viejo sueño de generar el 100% de la electricidad con fuentes renovables. Lo que no dijeron explícitamente fueron tres cosas:

Primera, que prácticamente los paneles solares y las baterías están monopolizados por los chinos y, en menor medida, por los coreanos.

Segunda, que la electricidad supone menos de un tercio de la energía primaria consumida por un país (hay que transportar a las personas y los productos además de calentar los hogares en invierno).

Tercera, que electrificar todo lo segundo implica transformar en profundidad una de las joyas de la república: el automovilismo basado en la combustión del más preciado derivado de los combustibles fósiles.

No importa: tenemos el hidrógeno. Tendremos, mejor dicho. Y ese sí que es renovable al cien por cien. Aunque... depende. Sí, depende crucialmente de cómo se produzca ese complicadísimo —y peligrosísimo— combustible. Lo más seguro sería por electrolisis con la electricidad que sobre de las fuentes limpias: eólica y solar.

¿Con paneles solares chinos y molinos por doquier se podrá alimentar la poderosa industria alemana, satisfacer la demanda de calefacción y, además, fabricar con el excedente energético el hidrógeno necesario para todo el parque automovilístico, la flota mercante, etcétera?

No hay problema: se instalan plantas de producción de hidrógeno en países con mucho sol, como Namibia y se transforma en amoniaco ($NH_3$) para su traslado a Alemania donde se hará la reconversión ($H_2$). No se diga que sustituir la dependencia energética de Rusia por una dependencia múltiple de China, Corea e infinidad de países diversos no es astuto.

Mientras tanto, qué hacer hasta que se cumpla el delirio de conseguir la energía —total, es decir, primaria, nada de solo electricidad— 100% renovable. Pues, obviamente, quemar lignitos pardos. Que el más ecologista de los gobiernos haya convertido al país más industrializado de Europa en el más contaminador deja atónito a cualquiera. Fueron estremecedoras las imágenes de las descomunales excavadoras de superficie demoliendo los aerogeneradores que obstaculizaban la extracción de carbón.

—*Atomkraft nein, danke; Kohle ja, bitte!*²

Pero la pregunta relevante es:

—*Quo vadis, Germania?*

Así pues, no es de extrañar que la respuesta a su estrambótico comportamiento energético sea que el alemán lleva el carbón en su alma al modo de como concluye el bello y breve poema *El carbonero tiene llena de fantasías la cabeza*:

> Poned sobre los campos
> un carbonero, un sabio y un poeta.
> Veréis cómo el poeta admira y calla,
> el sabio mira y piensa...
> Seguramente, el carbonero busca
> las moras y las setas.

Llevadlos al teatro
y sólo el carbonero no bosteza.
Quien prefiere lo vivo a lo pintado
es el hombre que piensa, canta o sueña.
El carbonero tiene
llena de fantasías la cabeza.

«Proverbios y cantares», XXVI,
*Campos de Castilla,*
ANTONIO MACHADO

Sabio don Antonio Machado.

# SEGUNDA PARTE

# EL CARBONO MÁS CULTO

# 4
# LA PUNTA DEL LÁPIZ

Por diez centavos lo compré en la esquina
y vendiómelo un ángel desgarbado;
cuando a sacarle punta lo ponía
lo vi como un cañón pequeño y fuerte.
Saltó la mina que estallaba ideas
y otra vez despuntolo el ángel triste.
Salí con él y un rostro de alto bronce
lo arrió de mi memoria. Distraída
lo eché en el bolso entre pañuelos, cartas,
resecas flores, tubos colorantes,
billetes, papeletas y turrones.
Iba hacia no sé dónde y con violencia
me alzó cualquier vehículo, y golpeando
iba mi bolso con su bomba adentro.

«Un lápiz»,
ALFONSINA STORNI

Nada hay más potente que una niña con lápiz en ristre y goma en reposo enfrentada a una hoja de papel a la que mira con concentración aguileña y quizá asomando un mollete de lengua. Ternura, simpatía... no, creo que la potencia es lo que mejor define la imagen. Potencia: capacidad de generar o liberar energía en el tiempo.

Puede estar tratando de escribir o ideando qué dibujar. Lo primero le preocupa porque aún no domina el asunto, lo segundo la ilusiona porque en lugar de constreñirle le da alas al magín, libertad. Quizás intuye, por algo que ha oído en casa, que la escritura la hará igual de libre que el arte y que este, en algún momento, también la obligará al aprendizaje.

Lo que la niña no se preguntará, en un momento de indecisión en que mira la punta del lápiz, es de dónde viene esa bonita lanza tan bien vestida de madera de la que asoma apenas su afilado extremo. Pronto —quizás lamentablemente— bolígrafos, estilográficas, pinceles, teclados y pantallas táctiles le harán olvidar el lápiz. Pero llegará una etapa en su vida en que lo volverá a recordar y, entonces sí, con ternura. Quizás, incluso, se llegue a preguntar por el grafito, el principal componente de la bella alma del lápiz, y la nostalgia se le convertirá en fascinación. Sobre todo, cuando sepa cómo es esa sencilla barrita en su intimidad y averigüe que el grafito del que está hecha es un mineral más antiguo que nuestro Sol y sus planetas.

## EL MUNDO DEL ÁTOMO DE CARBONO

Adentrémonos en la estructura atómica —un minúsculo y extraordinariamente compacto núcleo y unas nubes electrónicas que lo envuelven— referida al sexto elemento. El núcleo, dicho quedó, contiene seis protones (carga eléctrica positiva) y seis neutrones o en ciertos casos algunos más, tan neutros eléctricamente como su nombre indica. Todos se mueven muy rápida y ordenadamente en ese reducidísimo espacio. En torno a ese núcleo, —que lo usual es comparar en tamaños con el balón de fútbol en el estadio o la mosca en el centro de una catedral—, seis electrones neutralizan eléctricamente a los protones por tener carga opuesta: negativa.

¿Cómo pueden formar nubes seis livianas partículas elementales? Porque se mueven a tal velocidad que es muy difícil saber dónde están en cada instante. Tanto que nos tenemos que conformar con definir con qué probabilidad la encontraríamos en un punto en un momento dado. Esa distribución de probabilidad es la que adquiere forma de nube.

Para entender esta idea un tanto esquiva, pensemos en una analogía que nos resulte familiar: la Lotería de Navidad. Imaginemos que el día 22 de diciembre los programadores de la Administración de Loterías crean un mapa digital de España que no visualiza la geografía física sino únicamente los jugadores de lotería.

En este mapa, cada jugador aparece como un punto de brillo tanto más intenso cuánto más alta sea la apuesta que ha jugado. Por tanto, tenemos millones de puntos en la pantalla que permiten reconocer el mapa geográfico de España. Se ven incluso las carreteras, por las que circulan muchos puntos. La Administración de Loterías ha convertido un mapa de probabilidades en uno físico, es decir, casi real. A media mañana, todo se desvanece y aparece en un lugar un brillo intermitente: el lugar donde ha caído el premio gordo.

Ahora, para entender la estructura atómica, sustituyamos los millones de habitantes de España por seis electrones. Y la idea de la apuesta (a más euros apostados más probabilidad de ganar) la cambiamos por la distinta probabilidad de que cada electrón se encuentre en un lugar u otro en torno al núcleo. Por último, el premio gordo sería encontrar la posición y la velocidad de cada electrón con instrumentos de laboratorio. Los seis electrones, moviéndose a velocidades inimaginablemente rápidas, forman un mapa de nubes alrededor del núcleo, los llamados «orbitales», que tienen formas diversas: algunas esféricas, otras como husos...

Exprimamos un poquito más el magín para llegar a la escala atómica. Y si el lector es «de letras» que sepa que esa escala era la que tanto quería y más ansiaba conocer Tito Lucrecio Caro. Estamos hablando de más de medio siglo antes de que Jesús de Nazaret se la buscara bien buscada. Atentos a estos bellos versos de *De rerum natura* sobre las posiciones de los átomos:

Según las distintas posiciones
que entre sí guarden
las combinaciones en que intervienen,
y los movimientos a que son impelidos;
todas estas son condiciones que influyen
para que un cuerpo que en ciertos casos
como negro se nos ofrece,
en otros tenga brillante blancura.

Prometo que se disfrutará aún más del hecho de habernos adentrado en la estructura atómica, aunque sea a esta «vista de pájaro».

Insistamos, porque es muy importante, en que los lóbulos de los orbitales son distribuciones de densidad de probabilidad de presencia de los electrones. Para confirmar y trazar esa nube, corroborando así la teoría que la describe —la mecánica cuántica— tendríamos que repetir la medida un número de veces tan grande como técnicamente sea posible.

Cuando un átomo de carbono como el que estamos tratando aquí se acerca a otro, dos de esas nubes —lobulares, esféricas o de la forma que sea— se «unen», queriendo esto decir que los dos electrones que las generan se mueven tan rápido que es difícil, muy difícil, decir en cada instante a cuál de los dos átomos pertenece cada uno. Pertenecen ahora a los dos, o, dicho de otra manera, se ha generado una nueva nube de las probabilidades de presencia de los dos electrones. Se ha establecido lo que llamamos un enlace covalente.

Las estructuras que puede formar el carbono uniéndose de esa manera son impresionantes, tanto en número como en belleza. Y más cosas, muchísimas más diremos de esa posible variedad, porque ahí está nada menos que el origen de la vida y la biodiversidad. Tiempo al tiempo.

## LA ARQUITECTURA DEL GRAFITO

En el caso del grafito esa geometría, aunque simple, empieza a no estar exenta de belleza. Por razones obvias de claridad y dificultad gráfica, representaremos las fusiones de nubes de probabilidad o enlaces covalentes por rayitas entre los átomos así enlazados.

Sí, el grafito está formado por capas de geometría hexagonal de átomos de carbono separadas 0,34 nanómetros (0,34 × 10$^{-9}$ metros o, como sabemos, 0,34 milmillonésimas de metro). Cada capa la forman átomos de carbono ordenados en hexágonos fuertemente unidos por enlaces covalentes.

No ha de sorprender que cada una de esas láminas —que, por cierto, se denominan grafeno— se deslicen fácilmente una sobre otra. Esas capas son las que se pegan al papel desprendiéndose de la punta del lápiz y formando el negro trazado.

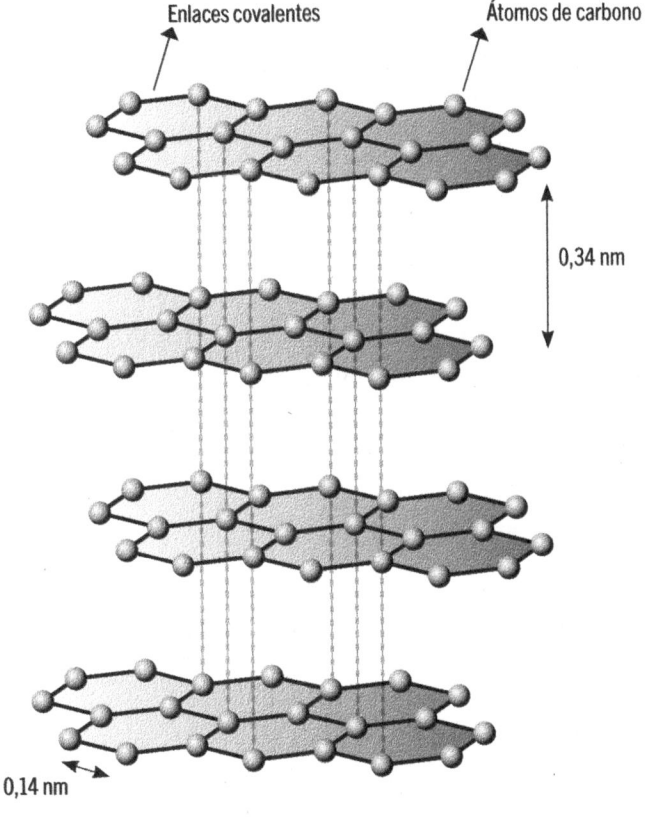

**Figura 4.** Estructura del grafito.

Volvamos así a la niña del lápiz para relajarnos. Llamémosla Aurora.

Aurora no puede sospechar por donde discurrirá su vida que aún amanece, pero, sin duda, el lápiz le abrirá el camino. La llevará a escribir poemas bonitos al principio, que con los años pueden llegar a ser profundos y bellos; intrincadas ecuaciones matemáticas que la ayudarán a entender intimidades de la naturaleza; croquis de edificios funcionales o suntuosos; bocetos de rostros con expresiones enigmáticas; apuntes del diario de laboratorio de conclusiones dudosas pero esperanzadoras.

Aurora ni lo sabe ni mucho menos se plantea esas desmesuras. Luego, algunos de esos apuntes, muy pocos, irán transformándose en artículos científicos, en planos arquitectónicos, en lienzos que avivarán la emoción de los amantes del arte; en libros de venta incierta y lectura emocionada.

Cualquiera que sea el viaje que emprenda Aurora, siempre recordará que lo inició alentada por el instrumento más sencillo que habrá manejado: el lápiz. Sonreirá sin duda cuando piense que su alma, el grafito, ha recorrido el viaje más largo que se pueda imaginar entre las estrellas para acabar en su —por ahora— pequeña y débil mano, pero de enorme potencia.

Ya lo veremos al final del libro.

# 5
# GRAFENO: DEL IG AL NOBEL

De lo sublime a lo ridículo
no hay más que un paso.

NAPOLEÓN BONAPARTE

Sostengo firmemente que nada hay más incontrovertible —aparte de las sentencias de Napoleón (incluidas las que se apropió y las que se le adjudican)— que el hecho de que la comunidad internacional de más alto y fino sentido del humor es la científica.

Como sucede con toda regla general, por evidente que sea, las excepciones son una maravilla por su capacidad de confirmación. Este capítulo se sustenta justo en esto último.

¿Cómo no se le ocurrió al magno emperador que el camino trazado por su famosa sentencia —«de lo sublime a lo ridículo no hay más que un paso»— también es transitable a la inversa? Es improbable, estamos de acuerdo, pero pasar de lo ridículo a lo sublime no solo es viable, sino que, precisamente en la comunidad aludida, estamos bastante acostumbrados a recorrerlo.

## NOBEL E IGNOBEL

Lo más sublime que ha creado el colectivo científico, para congratulación propia, han sido los Premios Nobel. Alcanzar este reconocimiento no solo da fama y dinero, sino la llave para entrar en el Olimpo, el Valhalla, el Paraíso... o, en términos más contemporáneos, la eternidad en alguna versión de estos paraísos creada por Inteligencia Artificial,

computación cuántica y realidad virtual. Tal premio propi-
ciará incluso que el universo paralelo que te toque sea di-
vertido por las buenas compañías.

Esa —que me premiaran con el Nobel— fue mi modesta
aspiración, como la de casi todos mis colegas, cuando de-
cidí dedicar mi vida a la ciencia. Y nada. La historia está
jalonada por las injusticias. Pero esta comunidad no podía
evitar expresar tan extendida injusticia con sentido del humor en lugar de frustración. Encontró el equilibrio en el
extremo opuesto al Premio Nobel creando el Premio Ig
Noble, —que juega con la palabra «innoble», ya que en
inglés se pronuncian de modo casi indistinguible—.

Para ello se editó una revista, *Annals of Improbable Re-
search*, dedicada a la propagación del humor científico. Y,
por supuesto, en reconocimiento a la buena acogida entre
los colegas, la comunidad otorga cada año diez premios
que, literalmente, «Pretenden celebrar lo inusual, honrar lo
imaginativo y estimular el interés de todos por la ciencia,
la medicina y la tecnología». Es decir, que los logros de los
grupos de científicos ganadores han de «primero hacer reír
a la gente, y luego hacerla pensar». Recuérdese lo de Rutherford, sus discípulos y los camareros.

En el jurado y la ceremonia de entrega, últimamente en
la universidad de Harvard, no faltan laureados con el Premio Nobel. Por cierto, los premios Ig son mucho más «sus-
tanciosos» que los Nobel, porque llegaron a pagar a los
ganadores hasta un trillón de dólares, si bien de Zimbabue
—una moneda que durante la hiperinflación de 2008 había
perdido prácticamente todo su valor—. Pero eran dólares,
al fin y al cabo. Y en solo un billete.

Si el lector quiere divertirse, consulte en internet la lista
de ganadores y los trabajos premiados. Le prometo que
pasará un rato largo, alegre e inolvidable.

## DE LO RIDÍCULO A LO SUBLIME

Solo ha habido un ganador de ambos premios, es decir que realizó el tránsito opuesto de Napoleón al pasar de lo (supuestamente) ridículo a lo sublime. Se trata de Andréi Gueim, que en el año 2000 ganó el Ig por hacer levitar una rana vivita y coleando en un campo magnético y en 2010 el Nobel por el estudio del objeto de este capítulo: el grafeno.

Hay investigaciones científicas que pueden desarrollarse por poco más que el sueldo del investigador, por ejemplo, en el campo de la física teórica. Un buen ordenador portátil ayuda mucho, aunque en muchos casos no es necesario. En cambio, hay otras ramas de la ciencia que exigen ingentes cantidades de dinero y un tremendo esfuerzo humano, por ejemplo —y ya que estamos con la física—, la de las partículas elementales. Aunque también lo necesitan la astrofísica o la genética global pasando por los programas espaciales.

Tanto un tipo de investigación como otro pueden dar resultados excelsos y nimiedades. Lo que es muchísimo más raro es que con medios experimentales al alcance de todo el mundo —porque algunos están en todas las casas— se consigan resultados que lleven al Premio Nobel por haber abierto un camino posiblemente revolucionario. Es lo que hicieron Andréi Gueim y su colega Konstantín Novosiólov, rusos que trabajaban en la universidad de Manchester.

Gueim y Novosiólov usaron básicamente un lápiz, papel celo, arena fina, el sencillo silicio y poco más de aquello que se puede encontrar en cualquier laboratorio universitario de física para las prácticas de los alumnos. Parece broma, pero la exquisitez y paciencia con que desarrollaron lo que describiremos someramente a continuación tiene un mérito inconmensurable.

La idea básica era estudiar las propiedades físicas de las capas de las que está hecho el grafito. Lo primero que había que hacer era separarlas unas de otras. Los amigos rusos sombreaban un papel con lápiz —al modo de nuestra querida Aurora— y luego cubrían la superficie con papel celo. Lo separaban. Con la arena y el silicio conseguían que la separación, tras infinidad de intentos, quedara lista para analizarla. Entonces empezaba el experimento de verdad: estudiar las propiedades físicas de aquella finísima capa de carbono de belleza hexagonal sin par denominada grafeno.

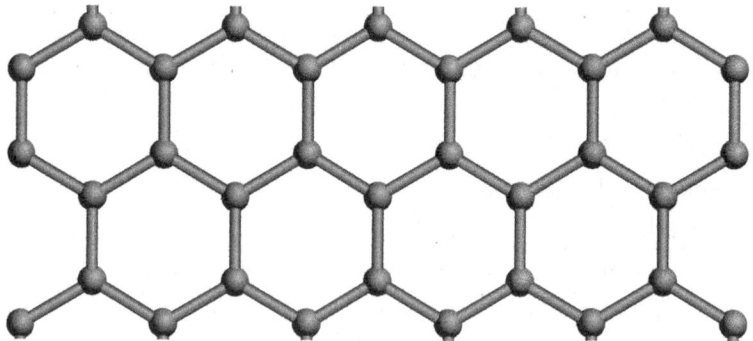

**Figura 5.** Estructura del grafeno.

## PROPIEDADES ASOMBROSAS

Ya vimos que cada átomo de carbono está unido covalentemente, —de modo fortísimo, si se quiere— a otros tres formando un entramado, con el hexágono como unidad básica, al que cuando se le aplican distintos instrumentos de medida se producen resultados pasmosos.

La capa conduce la electricidad y el calor con mucha fluidez, propiedades esenciales en la ingeniería de materiales de uso en tecnologías delicadas, como la aeronáutica, la quirúrgica y muchas otras.

Aunque su flexibilidad y ligereza son extraordinarias, el grafeno presenta una resistencia mecánica impresionante, estimándose que es unas 200 veces superior a la de una supuesta lámina de acero del mismo espesor. A pesar de su estabilidad estructural, puede reaccionar químicamente con otros átomos y, sobre todo moléculas, lo cual le dota de gran potencial para el desarrollo de nuevos materiales de propiedades desconocidas, pero sin duda deseables.

El grafeno también tiene la propiedad tan singular de autorrepararse, de manera que, si por cualquier causa se daña su armónica estructura, los átomos vecinos a la zona alterada —por ejemplo, agujereada— se reordenan y se recupera la lámina original.

Si se desea explicar muchos de sus intríngulis, al estudio del grafeno hay que aplicarle la inquietante y compleja mecánica cuántica y así, tras muchas maravillas, se empiezan —bien que lentamente— a entrever las aplicaciones comerciales del grafeno a escala industrial.

Un asunto curioso, que da mucho que pensar en cuanto a la ciencia y la inagotable seducción que puede producir el sexto elemento, es que formas mucho más complejas que el sencillo plano que supone el grafeno se descubrieron antes. Por ejemplo, los fulerenos y los nanotubos, agrupaciones esféricas de 60 átomos de carbono el primero y cilindros perfectamente cerrados el segundo.

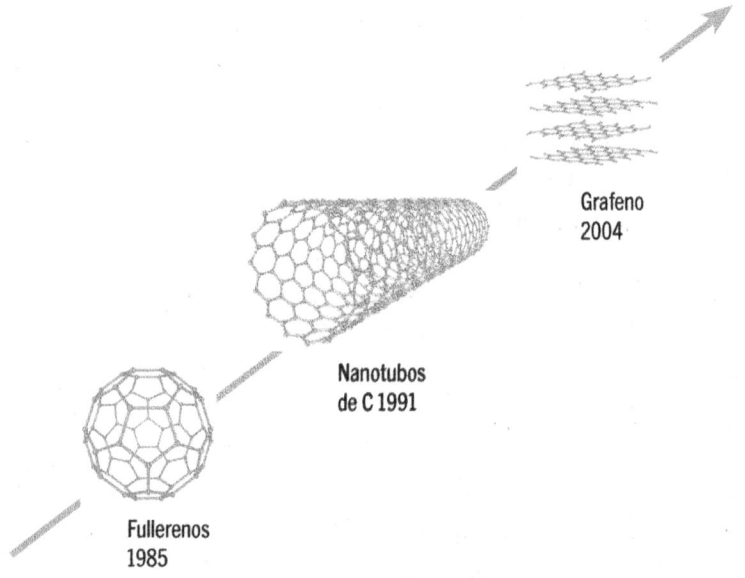

Grafeno
2004

Nanotubos
de C 1991

Fullerenos
1985

**Figura 6.** Nanomateriales basados en carbono.

El número de formas geométricas que pueden obtenerse es enorme, a cuál más bella, y de aplicaciones que todavía muchas de ellas ni se sospechan. El «pueden» y el «todavía» son el problema como se ha dejado ver: todas esas agrupaciones del carbono y las bizarras propiedades del grafeno, veinte años después de su aislamiento y estudio, continúan ofreciendo fundadas esperanzas para sus aplicaciones, pero pocas o ninguna son efectivas.

Esperemos que el número de frutos tecnológicos del grafeno no acabe siendo el mismo que el de la rana levitando en un campo magnético.

# 6
# EL SANTO SUDARIO

Sus científicos como prueba ante su incredulidad delante de la evidencia de Mi sufrimiento, que es el Sudario, explican cómo la sangre, el sudor cadavérico y la urea de un cuerpo, fatigado en extremo, al mezclarse con las esencias aromáticas, pueden haber producido ese dibujo natural de Mi Cuerpo muerto y torturado. Sería mejor creer sin necesitar tantas pruebas. Sería mejor decir: «Esto es obra de Dios» y bendecir a Dios, quien les ha concedido una prueba indisputable de Mi Crucifixión y de las torturas que la precedieron.

JESÚS DE NAZARET a MARIA VALTORTA
(según ella misma)

Maria Valtorta fue una poeta, filósofa, escritora y mística italiana (1897-1961) que afirmaba recibir dictados y tener visiones acerca de la vida de Jesús. En la cita reproducida, Jesús la pone en guardia contra los científicos. El caso es que esos pobres incrédulos a los que se refiere Nuestro Señor trataron de confirmar científicamente por qué debe creerse que aquel lienzo de casi cuatro metros y medio de largo por más de uno de ancho fue realmente el sudario con el que envolvieron su cadáver humano. Aún más, trataron de explicar cómo la sangre, el sudor y la orina eran capaces de reproducir su imagen, aunque, eso sí, después de perfumar la enorme sábana. ¿Quiénes fueron esos científicos y cómo hicieron semejante demostración? Ni idea. Y, para colmo, fue absolutamente innecesaria, porque para qué, si no, está la fe.

La cuestión a estas alturas del libro es: ¿qué diablos tiene que ver la Sábana Santa con el carbono?

La tabla oficial de isótopos del carbono —núcleos que comparten los seis protones característicos del elemento, pero difieren en el número de neutrones— registra una variedad de trece. Sin embargo, la mayoría carece de relevancia práctica. Casi ninguno existe de verdad porque, salvo tres, los demás son radiactivos y con vidas medias de milisegundos o como máximo segundos. De esos tres, dos son estables, el $^{12}C$ (del que fundamentalmente trata este libro y se denota así por su símbolo, C, y la suma de protones, 6, y neutrones que tenga su núcleo) y el $^{13}C$, que tiene un neutrón más que el otro.

De los demás isótopos radiactivos destaca uno por su larga vida media: el $^{14}C$, núcleo atómico de seis protones (carbono) y ocho neutrones. Tiene una semivida de 5.700 años. Ese tiempo es el que tarda en reducirse a la mitad la cantidad de una muestra radiactiva.

## EL RELOJ DEL CARBONO

Todo ser vivo, sea vegetal —sobre todo a través de la fotosíntesis— o animal —sobre todo a través de la alimentación y la respiración—, devuelve el carbono ingerido al medio ambiente, normalmente expeliéndolo en forma de dióxido de carbono. Pero eso lo hace, obviamente, mientras está vivo. En cuanto muere, se acabó el intercambio.

Esos procesos de canje de carbono de los seres vivos con el medio se refieren a todos los isótopos del carbono, porque se trata de procesos químicos que involucran solo las nubes electrónicas, no los núcleos atómicos responsables de la radiactividad. La conclusión fue una de las ideas más fructíferas y curiosas que la física ofreció a la arqueología y a muchas otras ciencias. Si conseguimos medir la proporción de $^{14}C$ respecto a la de $^{12}C$, sabremos cuándo murió el ser vivo de la muestra. El $^{12}C$, por ser estable, se ha quedado igual que cuando murió y el $^{14}C$ ha ido disminuyendo a razón de la mitad cada 5.700 años.

Es sencillo: si la proporción de cualquier ser vivo —por ejemplo, los vegetales con los que se hizo la Sábana Santa, que es de lino— fuera 10.000 átomos de carbono, de los cuales 1.000 son de $^{14}C$, y al cabo del tiempo medimos cuántos de esos $^{14}C$ quedan y nos salen 500, el ser vivo murió hace 5.700 años; si el resultado hubiera sido 250, murió hace 11.400 años, y así sucesivamente.

Lógicamente, hay que medir muy bien, y para muestras, dentro de un rango temporal apropiado: nada de millones o miles de millones de años (no quedaría ni un átomo de $^{14}$C) ni de décadas o así (los núcleos de $^{14}$C que encontráramos estarían en una cantidad dentro del margen de error de la medida).

## EL CASO DE LA SÁBANA SANTA

El Santo Sudario, también llamado Sábana Santa, apareció en Turín a finales de la Edad Media. Desde entonces han existido dudas más o menos fundadas de que aquello fuera el sudario de Cristo y que además se grabara en él su imagen. Pero la fe y, sobre todo, la autoridad y el poder de la Iglesia católica no permitían titubeo alguno. Hasta que el asunto empezó a ser insostenible por mucha creencia y poderío que se esgrimieran: la ciencia tenía medios suficientes para aclarar sin la menor duda si aquella reliquia era auténtica o no. La propia iglesia estaba ya un poco harta de que estuviera demostrándose, clara y meridianamente, que quizás todas las reliquias santas fueran falsas. Si los restos venerados de santos en forma de huesos, sangre, sudor o lágrimas, y las astillas, clavos y espinas y restos de la tortura y ejecución de Jesús se juntaran, darían lugar a monstruos espantosos y cruces que habrían exigido un pequeño bosque para construirlas.

Está claro que el $^{14}$C que quedara en el Santo Sudario después de varios siglos, o tal vez de un par de milenios, entraba de lleno en las posibilidades de datación. Y el lienzo, como todas las telas, tenía origen vegetal, así como, naturalmente, los restos vestigiales del cadáver al que supuestamente envolvió.

Cuando los físicos nucleares afinaron tanto el método de análisis que llegaron a poder contar uno a uno los núcleos de $^{14}C$ de muestras biológicas antiguas para fechar su muerte, le ofrecieron a la Iglesia datar el Santo Sudario. Curiosamente y tras renuencias de todo tipo, la Santa Madre Iglesia Católica, Apostólica y Romana accedió en 1988. Aunque, eso sí, con condiciones bien establecidas por ella y de cumplimiento absolutamente estricto.

El acuerdo, tras veinte años de discusiones al más alto nivel eclesiástico y científico, fue el siguiente:

1. La toma de muestras del sudario la llevarían a cabo expertos nombrados por el departamento de Ciencias de los Materiales de la universidad Politécnica de Turín, el Museo de Tejidos de la misma ciudad y el Centro Internacional de Estudios de Tejidos Antiguos de Lyon, bajo la supervisión general del jefe del Laboratorio de Investigación del Museo Británico (Muestra 1).

2. Se enviarían tres porciones de 40 miligramos de la muestra anterior a los laboratorios nucleares de la Universidad de Oxford, la de Tucson y de la Escuela Politécnica Federal de Zúrich.

3. Junto a cada una de las tres porciones, sin identificar para los receptores, pero distinguidas por el emisor, la Iglesia, se enviarían otras tres de tejidos perfectamente datadas con otros medios, incluidos el de espectrometría de masas (el del $^{14}C$):

   a. Fragmento de tejido encontrado en una tumba egipcia de Qasr Ibrîn en Nubia, descubierta en 1964 y datada en los siglos XI y XII (Muestra 2).

b. Vendas de una momia de entre los siglos I y II, supuestamente de Cleopatra, encontrada en Tebas y actualmente en el Museo Británico (Muestra 3).

c. Capa de San Luis d'Anjou en una capilla de la Basílica de San Maximino en Var, Francia, tejida entre 1290 y 1310 (Muestra 4).

4. Las medidas se harían simultáneamente, serían filmadas y no se harían comparaciones de los resultados ni otra comunicación entre los laboratorios hasta que estuvieran certificados como definitivos, inequívocos y completos.

El 13 de octubre de aquel año el cardenal Ballestero anunció el resultado certificado por la Iglesia como oficial.

Los resultados expresados en años de antigüedad fueron los siguientes:

| Laboratorio/ Muestra | Muestra 1 | Muestra 2 | Muestra 3 | Muestra 4 |
|---|---|---|---|---|
| Tucson | 646 ± 31 | 927 ± 32 | 1995 ± 46 | 722 ± 43 |
| Oxford | 750 ± 30 | 940 ± 30 | 1980 ± 35 | 755 ± 30 |
| Zúrich | 676 ± 24 | 941 ± 23 | 1940 ± 30 | 685 ± 34 |

Una vez calibrados los datos se concluyó que el lino del Santo Sudario se había confeccionado entre 1250 y 1390 d. C. con un margen de confianza del 95%. O sea, cuando apareció en Turín más o menos. La revista *Nature*, donde se publicaron los resultados, hizo pública también una declaración en la que sostenía que los resultados de los tres laboratorios eran «mutuamente compatibles» y que «ninguno de los resultados era cuestionable».

No les faltó tiempo a científicos católicos para lanzarse en tromba a tratar de desdecir el resultado. Invito al lector a que busque con Google las ideas que tuvieron —no todas peregrinas— para demostrar que aquello había sido un error. Hasta la fecha en que escribo esto, ninguna de las objeciones y «pruebas» que han ofrecido se han aceptado, mientras que se han publicado réplicas impecables que desdicen a todas ellas.

Lo curioso es que a los anteriores —y créaseme, escasos— científicos creyentes se les puede aplicar el dicho de que son más papistas que el Papa, porque la Iglesia católica mantiene una actitud de respeto a estos resultados. No va más allá de no contradecirlos, sin pronunciarse siquiera sobre ellos de manera oficial, pero algo es algo.

Qué más le da a la fe lo que digan los científicos, tal como —al parecer— le comunicó el mismísimo Jesucristo a Maria Valtorta.

# 7

# EL RADIOCARBONO EN LA ERA NUCLEAR

Todos los cuadros son falsos mientras no se demuestre lo contrario.

Cuando André Malraux fue nombrado por De Gaulle ministro de Cultura inició la labor en el ministerio con dos actos simbólicos: primero obligó a limpiar todas las fachadas de París y después se paseó por todos los museos, tiendas de cuadros y galerías, requisó los lienzos falsos de Utrillo y de Corot que encontraba, hizo con ellos una pira en la plaza de Ravignan y así ardieron al menos trescientos lienzos atribuidos a estos dos pintores. Si un ángel exterminador realizara un vuelo rasante sobre todos los museos y pinacotecas del mundo y acercara su espada flamígera a todas las obras de arte falsas o mal atribuidas desde el tiempo de los faraones hasta hoy serían muy escasas las que resistirían la prueba del fuego hasta el punto de que gran parte de la historia quedaría vacía. Pero demostrar que un cuadro es falso es casi tan difícil como demostrar que es auténtico. Este detalle estuvo a punto de llevarle a la horca a Van Meegeren, al falsificador de Vermeer.

*Van Meegeren, la vanidad del falsificador,*
MANUEL VICENT

En el capítulo anterior se ha explicado cómo se lleva a cabo el método de datación por $^{14}$C y en qué se fundamenta. Pero el caso de la Sábana Santa sucedió en los años ochenta del siglo pasado. Los márgenes de error, como hemos visto, eran amplios, por más que no contradijeran en absoluto que el sudario de Turín era de finales de la Edad Media y no de la época de Jesucristo. A lo largo de estas últimas décadas, el método y la tecnología que lo sustentan han avanzado mucho, como es lógico. Una motivación excelente para ello ha sido la necesidad de calcular con rigor los efectos de las pruebas nucleares en la datación con radiocarbono.

Con una vida media de solo 5.700 años, el $^{14}$C se ha generado por vías naturales a lo largo de los miles de millones de años de historia de la Tierra. La principal fuente de $^{14}$C en la atmósfera proviene de la transformación de un protón en neutrón de uno de los del $^{14}$N (siete protones en lugar de los seis del carbono), es decir, el principal componente del aire atmosférico. Esta transformación es provocada por los rayos cósmicos que nos llueven. La cantidad de $^{14}$C generada por esta vía habría hecho muy difícil la datación por este medio, porque es muy poco lo que se produce.

Pero, tras las monstruosidades de Hiroshima y Nagasaki y el posterior desarrollo enloquecido de armas nucleares, sobre todo de fusión, los rayos cósmicos se vieron muy respaldados en su tranquila faena de producir $^{14}$C.

No es muy conocido que nuestro planeta ha sufrido más de dos mil explosiones nucleares en pruebas experimentales que dejaron en fuegos de artificio las dos lanzadas sobre Japón. De esas pruebas, 641 fueron aéreas, hasta que se prohibieron en 1963. La atmósfera sufrió, entre infinidad de agresiones, lo único quizás positivo: el aumento significativo de contenido de $^{14}C$. Lógicamente, va disminuyendo poco a poco.

Así pues, las pruebas nucleares atmosféricas facilitaron el desarrollo del método de datación, y el estudio de cómo varía con el tiempo la aportación de las explosiones atómicas lo ha afinado mucho. Esos estudios no se han ido llevando a cabo por amor al arte, sino para controlar los efectos de aquellas bárbaras consecuencias de la Guerra Fría.

## EL LAGO SUIGETSU: UN ARCHIVO NATURAL

El lago Suigetsu está al suroeste de Japón e invito a que se visite, aunque sea por Internet, porque se apreciará una belleza paisajística más que notable. En este lago se dan dos circunstancias especiales que lo han convertido en un laboratorio natural extraordinario.

Durante el otoño, a causa del clima —la lluvia particularmente, aunque el viento también ayuda—, la orografía y otras características particulares de la zona, las hojas de los árboles que caen en las orillas del Suigetsu se van hundiendo apaciblemente. En el fondo del lago, ya libres del contacto con el oxígeno del aire, las hojas e incluso plantas pequeñas forman capas anuales llamadas varvas que, aunque no son de mucho espesor, se distinguen unas de otras en su superposición.

Con cuidado exquisito en la recolección de muestras y con la mejor tecnología experimental de espectrometría de masas, que aprovecha la liviana diferencia de masa entre el $^{12}$C y el $^{14}$C, se fueron datando las capas de hojas hundidas. Los resultados abrieron un campo de investigación fascinante en la arqueología y la antropología. El mejor registro de carbono atmosférico que hasta entonces se podía alcanzar era estudiando los anillos de los árboles llegando hasta hace 12.600 años —mediante la especialidad denominada «dendroarqueología»—. Los resultados obtenidos con las hojas del lago Suigetsu llegan hasta casi 53.000 años, así, los datos de radiocarbono ampliaron el registro unos 40.000 años.

Aquel logro hizo que el método y sus conclusiones se aplicaran a diversos campos. Los avances y repliegues de hielo de Groenlandia así datados dieron información valiosa sobre la evolución del clima con sus cambios más o menos bruscos. Por su parte, los antropólogos han precisado significativamente la época de la extinción de los neandertales y la dispersión de los sapiens en Europa. ¿No es fascinante?

## EL CARBONO-14 EN EL ARTE

Vayamos ahora con el arte, con solo dos ejemplos para no ser exhaustivos, porque hay una infinidad de estudios espléndidos que se han llevado a cabo con el radiocarbono. Uno se referirá al arte auténtico y el otro al falsificado.

De Japón regresamos a Europa, concretamente, al castillo de Germolles en la Borgoña francesa y a la iglesia de Cordeliers en Friburgo (Suiza). Los objetos de estudio fueron dos murales de esos magnos edificios, de los que se sabe cuándo se pintaron: en la Baja Edad Media, concretamente entre 1426 y 1460.

De todos los colores de las paletas de los artistas, el blanco es posiblemente el más importante. Con él se les da variedad casi infinita a todos los demás tonos de los pigmentos, especialmente una de las tonalidades más complejas: la de la piel humana. El pigmento más utilizado para ello era el llamado blanco de plomo, el cual tiene dos características esenciales: ya lo usaban los egipcios en su esplendor hace miles de años, y el carbono del blanco de plomo es de origen vegetal, no de minerales molidos. Hay que decir que este pigmento es muy tóxico y hoy se usa poco.

El inconveniente de tratar de fechar las obras de arte por datación con [14]C del blanco de plomo era que este también lleva carbonato cálcico —digamos cal— que forma parte de muchos materiales de construcción y de los pigmentos de otros muchos colores.

Lo que se hizo fue afinar un procedimiento de separar el carbono del blanco de plomo (orgánico y por tanto con un poco, poquísimo, pero algo de [14]C) del de los carbonatos. Se consiguió calentando con extremo cuidado muestras de pintura de los frescos de los citados edificios.

Los átomos del blanco de plomo se desprenden en la molécula de $CO_2$ que se libera, la cual es muy fácil recoger sin que se escape ni una. Esto tiene lugar a una temperatura mucho menor que los 600 grados centígrados que resiste el carbonato cálcico antes de descomponerse.

Los pocos átomos de carbono obtenidos se llevan al laboratorio del acelerador y se desvían con un imán, de manera que los más pesados, los de [14]C, siguen una trayectoria ligeramente menos curvada que los más ligeros, de [12]C, y se cuentan en un espectrómetro.

Todo, absolutamente todo ha de hacerse con una gran delicadeza y rigor.

Se aplican las leyes de la desintegración radiactiva y se sigue todo el procedimiento de la datación por radiocarbono, y se obtiene la edad de los murales. El resultado coincidió perfectamente con la fecha que se sabía que se pintaron.

¡Albricias!, porque el blanco de plomo quedó establecido como referencia que utilizaron y utilizan infinidad de artistas. Así, se establece con rigor el método de datación de frescos artísticos de casi cualquier época.

## A LA CAZA DE FALSIFICACIONES

Rematemos reuniendo en un caso todo lo dicho hasta ahora sobre lo que la física nuclear ha hecho por el arte usando el excelso carbono catorce. Y, además, poniendo de manifiesto que hay gente más astuta que (casi) todos los investigadores de ese campo de la ciencia.

Lo mejor que se puede hacer por el arte es fomentar el deleite que provoca, mantener exquisitamente las obras y, particularmente importante, detectar y, en tal caso, eliminar las falsificaciones. Pero ¡ay! Los mejores falsificadores, los grandes de verdad, aprenden de la ciencia, aunque sea solamente leyendo libros de nivel tan popular como este.

Recordemos que las pruebas nucleares aéreas supusieron un aumento significativo del carbono radiactivo en la atmósfera, que se detuvo exactamente en 1963. El análisis de este fenómeno fue tema de la tesis doctoral de una joven muy lista: Laura Hendriks, de la Escuela Politécnica Federal de Zúrich. Volveremos a ella en breve.

Pero primero, un inciso para valorar la labor de las mujeres en ciencia. En cierta ocasión pusieron en mi conocimiento un dato que me había pasado por alto: resulta que de las catorce tesis doctorales que he dirigido la mitad fueron realizadas por mujeres y la mitad por hombres. El dato me causó sorpresa. Nunca había hecho semejante cuenta, porque siempre he elegido a los doctorandos por su expediente académico. Aún menos meritorio: escoger los mejores expedientes es la manera de no perder tiempo si a los seis meses que se tarda en conceder las becas de investigación a algún doctorando no se la acaban concediendo. Las catorce tesis doctorales fueron calificadas *Sobresaliente Cum laude*. A diferencia de los doctorandos de Rutherford, a ninguno de los míos le han concedido el Nobel, pero todos han llegado a catedráticos y catedráticas.

Continuamos.

En Italia, en tiempos tan recientes como 2015, un buen grupo de expertos en arte sospechaba que una serie concreta de obras eran falsas. Por más que analizaron los cuadros, no conseguían demostrar fehacientemente su falsedad. Fueron llegando a la conclusión de que al menos un falsificador era magistral, porque parecía ser el que mejor combinaba todas las añagazas: usar lienzos antiguos, evitar el blanco de plomo (recordemos que es muy tóxico y ya casi no se usa), enmarcar los cuadros con madera vieja, etcétera.

A los expertos se les ocurrió acudir a los físicos nucleares y estos pensaron en la tesis de la joven Hendriks. Se pusieron todos de acuerdo en analizar una obra concreta sospechosa y no demasiado valiosa, por si acaso. Era un paisaje atribuido al cubista francés Fernand Léger.

Se consiguió aislar una muestra de la que liberar dióxido de carbono a muy alta temperatura que no podía pro-

venir más que del aceite u óleo usado para aglutinar y mezclar los colores. Nada, por si acaso, de blanco de plomo.
Allí apareció la «huella» indeleble de la aportación de $^{14}C$ por las explosiones nucleares. La conclusión fue (casi) obvia: el cuadro se había pintado después de 1963. El «casi» es porque había una posibilidad de que las semillas para hacer el óleo pudieran haberse recolectado en algunas zonas entre 1958 y 1961, pero la evidencia más clara era favorable al período 1983-1989. En cualquier caso, Léger había fallecido en 1955.

La policía entró en acción y pronto descubrió que el astuto autor, Robert Trotter, había pintado el cuadro en torno a la mitad de los años 80. Multa y cárcel para el maestro falsificador.

A pesar de todo lo dicho, esperemos que el carbono radiactivo no arrase todos los museos y pinacotecas del mundo y vacíe gran parte de la historia tal como la conocemos.

# TERCERA PARTE

# EL CARBONO MÁS BELLO

# 8

# DIAMANTE: POR UNAS DÉCIMAS DE NANÓMETRO

¿Por qué tan duro? Dijo en otro tiempo el carbón de cocina al diamante; ¿no somos parientes cercanos?

¿Por qué tan blandos? Oh, hermanos míos, así os pregunto yo a vosotros: ¿no sois vosotros mis hermanos?

¿Por qué tan blandos, tan poco resistentes y tan dispuestos a ceder? ¿Por qué hay tanta negación, tanta renegación en vuestro corazón? ¿Y tan poco destino en vuestra mirada?

Y si no queréis ser destinos ni inexorables: ¿cómo podríais vencer conmigo?

Y si vuestra dureza no quiere levantar chispas y cortar y sajar: ¿cómo podríais algún día crear conmigo?

Los creadores son duros, en efecto.

Y bienaventuranza tiene que pareceros al imprimir vuestra mano sobre milenios como si fuesen cera, bienaventuranza escribir sobre la voluntad de milenios como sobre bronce, más duros que el bronce, más nobles que el bronce.

Solo lo totalmente duro es lo más noble de todo.

Esta nueva tabla, oh, hermanos míos, coloco yo sobre vosotros: ¡endureceos!

*Así habló Zaratustra,*
FRIEDRICH NIETZSCHE

Las alotropías del carbono son parientes cercanos, como estamos viendo, pero el grafito y el diamante son tan próximos que se pueden considerar primos hermanos. Y pueden tener tan poco que ver uno con otro como les pasa a muchas personas así emparentadas.

Recordemos la figura del capítulo 5 donde se mostraba que los átomos de carbono de cada capa de grafeno en el grafito estaban separados 0,14 nanómetros (milmillonésimas de metro) y que la distancia entre una y otra capa era de 0,34 nm. Si estas pequeñísimas distancias se igualaran —aproximadamente 0,36 nm en el diamante— ocurriría algo extraordinario: el blando, negro y modesto grafito se convertiría en el mineral más duro, brillante e inquietante de la naturaleza, el diamante.

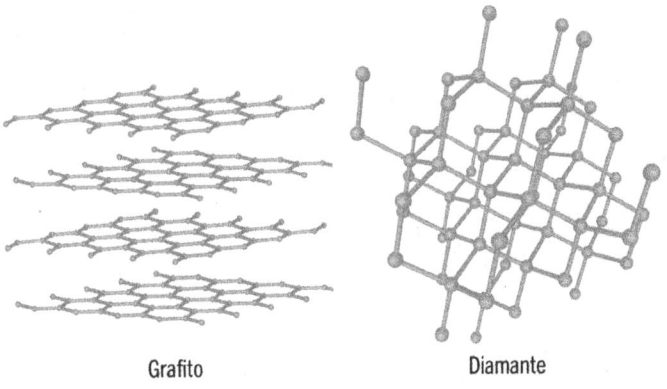

Grafito          Diamante

**Figura 7.** Estructura del grafito y estructura del diamante.

Obviamente, en cuanto se descubrió esta pequeña diferencia de distancias interatómicas, se trató de obtener diamantes en el laboratorio. Y se consiguió. El método se basaba en lo siguiente:

Se saturaba de carbono un buen crisol repleto de hierro fundido a muy alta temperatura, casi 3.000°C. Se enfriaba bruscamente introduciéndolo en agua fría. La tremenda contracción, que llegaba a ejercer una presión de cien mil atmósferas, hacía que el carbono disuelto adquiriera una estructura atómica homogénea. Surgía el diamante después de disolver el hierro en ácido.

Solo había un problema: los diamantes obtenidos se presentaban en forma de polvo fino cuyo grano más grande apenas tenía medio milímetro de diámetro. Su valor como piedra preciosa era nulo. Hasta los nazis intentaron mejorar el procedimiento, sin éxito, afortunadamente.

En la actualidad se consiguen diamantes sintéticos con procedimientos mucho más sofisticados, pero siguen teniendo un valor comercial limitado como piedras preciosas, porque los expertos pueden distinguirlos con facilidad de los naturales. El esfuerzo no merece la pena.

## CARBÓN Y DIAMANTE: PRIMOS HERMANOS

¿Desde cuándo se conoce el diamante? Vaya usted a saber, pero hay pistas sobre él en viejos, muy viejos documentos hindúes. También aparece mencionado en textos bíblicos del Antiguo Testamente, tanto en Ezequiel como en el Éxodo.

En el libro de Ezequiel se encuentra el relato de una visión que incluye piedras preciosas:

Entonces resonó una voz desde el firmamento que había sobre sus cabezas. Por encima del firmamento apareció como una piedra de zafiro en forma de trono; y sobre ella una figura de aspecto semejante a un hombre que se erguía sobre él. Desde lo que parecían sus caderas hacia arriba vi que era como un bronce resplandeciente, algo que parecía fuego, dentro y alrededor de él semejante al arco iris, tal era el fulgor que despedía.

En el libro del Éxodo, el diamante aparece en la descripción del pectoral sacerdotal:

Hicieron el pectoral de la misma manera que el efod, de oro y lino torzal, artísticamente recamado en púrpura violeta, escarlata y carmesí. Era cuadrado y doble, de veintidós centímetros[3] de lado. Engastaron en él cuatro filas de piedras: en la primera, un sardonio, un topacio y una esmeralda; en la segunda, un rubí, un zafiro y un diamante; en la tercera, un jacinto, un ágata y una amatista; en la cuarta, un crisólito, un ónice y un jaspe.

La evolución de la palabra es tan dura como la consistencia de ese bello mineral. *Adamas* en latín significa indomable o invencible, palabra que evolucionó a *adamant, diamaunt, diamant* y lo propio: *diamante.*

La disposición exacta y regular de los átomos de carbono en el diamante (el cual se puede considerar una sola molécula gigantesca) exige tiempo, mucho tiempo para que se organice y le dé una dureza casi inaudita para un mineral natural.

Si el tiempo es lo suficientemente largo, se puede presentar en bella forma transparente y octaédrica: como dos pequeñas pirámides egipcias unidas por sus bases. Sin embargo, ese tiempo ha de ser tan prolongado que los diamantes no suelen encontrarse así, sino como piedrecillas bastante opacas. Se distinguen de otras piedras preciosas en potencia por sus tonos superficiales de matices muy singulares, que pueden ser amarillentos, rosados, azulados, rojizos y verdosos.

Si el tiempo de formación ha sido aún más corto, los diamantes son imperfectos y grises e incluso negros (se llaman borts o carbonados). Como piedras preciosas no valen nada, pero por su dureza —al fin y al cabo son diamantes— son extraordinariamente apreciados por la industria. Sirven incluso y, sobre todo, para barrenar rocas, pero también para pulir infinidad de materiales.

El diamante tiene otras muchas propiedades curiosas físicas y químicas, pero las que interesan aquí y en los pocos centros mundiales que monopolizan su comercio son su dureza y comportamiento óptico. Este último es tan singular como el otro; de hecho, otorga dos de las cuatro C que definen un diamante joyero en cuanto a su valor. Esas son Color, Claridad, Corte y *Carat* (quilates en inglés, es decir, el peso).

Color: si no es absolutamente transparente, se lo da un minúsculo número de átomos que logran incrustarse en su perfecta arquitectura y formar parte de ella. Por ejemplo, átomos de nitrógeno aquí y allá que han reemplazado a átomos de carbono le dan un suave tono azulado. No se consideran impurezas, ni mucho menos.

Claridad: podemos imaginar que está relacionada con la transparencia, la cual es también debida a la singularísima disposición atómica y a las propiedades de los enlaces covalentes entre los carbonos que ya comentamos.

Corte: es artificial y su talla es un arte fascinante. Se pueden hacer una infinidad de cortes de precisión inaudita consiguiéndose formas geométricas tridimensionales a cuál más llamativa.

*Carat*: el peso en quilates (un quilate son 0,205 gramos) establece el valor de un diamante. El más grande descubierto hasta ahora ha sido el llamado Cullinan, Estrella de África y Estrella del Sur. Se encontró en Transvaal, colonia inglesa de África del Sur, en enero de 1905, y pesaba 3.025,75 quilates (unos 620 gramos). Lógicamente, se la ofrecieron al rey, pero Eduardo VII lo consideró una desmesura y el pedrusco se dividió en nueve grandes pedazos y varios más pequeños. Las gemas que salieron de allí fueron tan valiosas que se entendió mejor el interés del monarca en la división.

Pero del valor de los diamantes y lo que hay detrás de él ya hablaremos. Por ahora nos interesa más algo tan curioso y fascinante (e inofensivo) como es la formación de esas bellas estructuras atómicas en las entrañas de la Tierra y cómo han emigrado hasta nosotros en un largo y azaroso viaje.

# 9
# DESDE LAS ENTRAÑAS DE LA TIERRA

Yo
es el negro absoluto, algo dicho
desde las entrañas de la Tierra.
Hay muchos tipos de «abierto»,
como el de un diamante que se hace un nudo de llama,
como el de un sonido que se convierte en palabra, coloreada
Por quien paga por hablar.
Algunas palabras están abiertas
como un diamante sobre un cristal
que canta cuando destella al sol.
Hay palabras que son como apuestas grapadas
en un libro de cuentas perforado
(cómpralo, fírmalo y destrózalo)
y que, pase lo que pase,
la marca permanece
como un diente mal extraído con un borde desigual.
Algunas palabras viven en mi garganta
reproduciéndose como víboras.
Otras se asoman al sol
bulliciosas como gitanos sobre mi lengua
para explotar a través de mis labios
como jóvenes gorriones que rompen el cascarón.
Algunas palabras me atormentan.

«Amor» es una palabra de otro tipo de abierto
como el diamante que se hace un nudo de llama,
soy negra porque vengo de las entrañas de la Tierra.
Toma mi palabra, como joya bajo tu luz abierta.

«Carbón»,
AUDRE LORDE[4]

La poeta afroamericana Audre Lorde, en uno de sus poemas más conocidos, conecta su identidad racial con el origen del espléndido diamante: el negro carbón que, sometido a presión en las profundidades terrestres, se transforma en piedra preciosa. Es traducción personal y seguramente incierta, por lo que he considerado oportuno reproducir el original.

Veamos el apasionante viaje que ha de recorrer el carbón cristalizado hasta llegar a la superficie, o al menos a una profundidad accesible a los mineros.

Llamar «viaje» a este capítulo es exagerado, porque el recorrido al que nos referiremos es nada en comparación con el auténtico gran viaje del carbono desde el cosmos más lejano, que ya afrontaremos. Sin embargo, merece la pena dar un somero paseo por la historia de nuestro querido planeta, porque la formación y avatares del diamante corren casi paralelos a ella.

## CÓMO NACIÓ NUESTRO RINCÓN DEL COSMOS

Por las razones y el mecanismo que ya contemplaremos hacia el final del libro, una inmensa nube galáctica colapsa gravitatoriamente, en el sentido de que se va acumulando su materia en un punto determinado. Lo hace en algún recóndito lugar de la descomunal Vía Láctea. Una vez formado el sistema solar primigenio con el radiante Sol en plena actividad, van desapareciendo de su entorno el polvo y los pedruscos de distinto tamaño. Esos embriones de planetas se exponen cada vez más al frío sideral de casi 300°C bajo cero, con el resultado lógico de empezar a enfriarse, al menos sus superficies.

Pronto el Sol se verá rodeado de una cohorte de planetas girando en torno a él de modo ecuatorial.

Esos planetas —veremos por qué— se dividen en dos clases: los terrestres, cercanos al Sol, y los gaseosos, enormes y muy alejados de él. ¿De qué materiales están hechos los planetas? De los mismos que contenía la inmensa nube que los concibió. Obvio, salvo un detalle: así estaban al nacer, pero la evolución de cada uno de ellos ha cambiado su composición a lo largo de los cuatro mil quinientos millones de años transcurridos desde su formación. Quedémonos en el más espléndido de todos ellos, por modesto que sea: la Tierra, porque los otros son o infernales (Mercurio y Venus) o inhóspitos (Marte).

Al irse enfriando el planeta, los elementos más pesados y estables, el hierro y el níquel fundamentalmente, van hundiéndose hacia el centro. Y les siguen los conjuntos de elementos asociados en moléculas, que a su vez forman diversas estructuras llamadas, como sabemos, minerales y rocas.

La acumulación de estos elementos se va disponiendo en capas, con cierta lógica. Así como es natural que la presión vaya aumentando hacia el centro. Y con ella, la temperatura, porque el interior se aleja cada vez más del frío sideral. Salvo un detalle en este caso: el calor que liberan los mantos radiactivos que se sitúan no muy lejos de la superficie.

Sí, vivimos sobre una descomunal fuente de radiactividad que, paradójicamente, resulta beneficiosa: proporciona el calor interno necesario para la dinámica terrestre. Combinada con la radiación cósmica, ha permitido que la vida evolucione mediante mutaciones controladas, evitando que nuestro planeta se reduzca a una superficie cubierta de un modesto musgo verdoso.

El centro de nuestro planeta está a 6.378 km desde el nivel medio del mar, y las condiciones físicas, principalmente de presión y temperatura, para que el carbón empiece a ordenar sus átomos apropiadamente, están entre 15 y 200 km de profundidad. O sea, en la delgada corteza terrestre. En esa fina capa, comparable a la piel de una manzana con el resto del fruto, suceden los acontecimientos más notables de la historia del planeta. Las auténticas entrañas son más bien anodinas.

Al igual que la piel de la manzana cuando empieza a pudrirse, el enfriamiento de la Tierra hace unos 4.000 millones de años somete su corteza a grandes convulsiones. La principal es que se cuartea más que arrugarse —cosa que también hace—.

El resultado de ese agrietamiento de la corteza terrestre son las llamadas placas tectónicas. No coinciden con los continentes, aunque estos forman parte esencial e incluso mayoritaria de dichas placas. Por ejemplo, y en casos extremos, la mayor parte de la placa Euroasiática, formada por Europa y Asia, es casi toda continental; la Pacífica, también obviamente, es oceánica, con muy poca tierra aflorando.

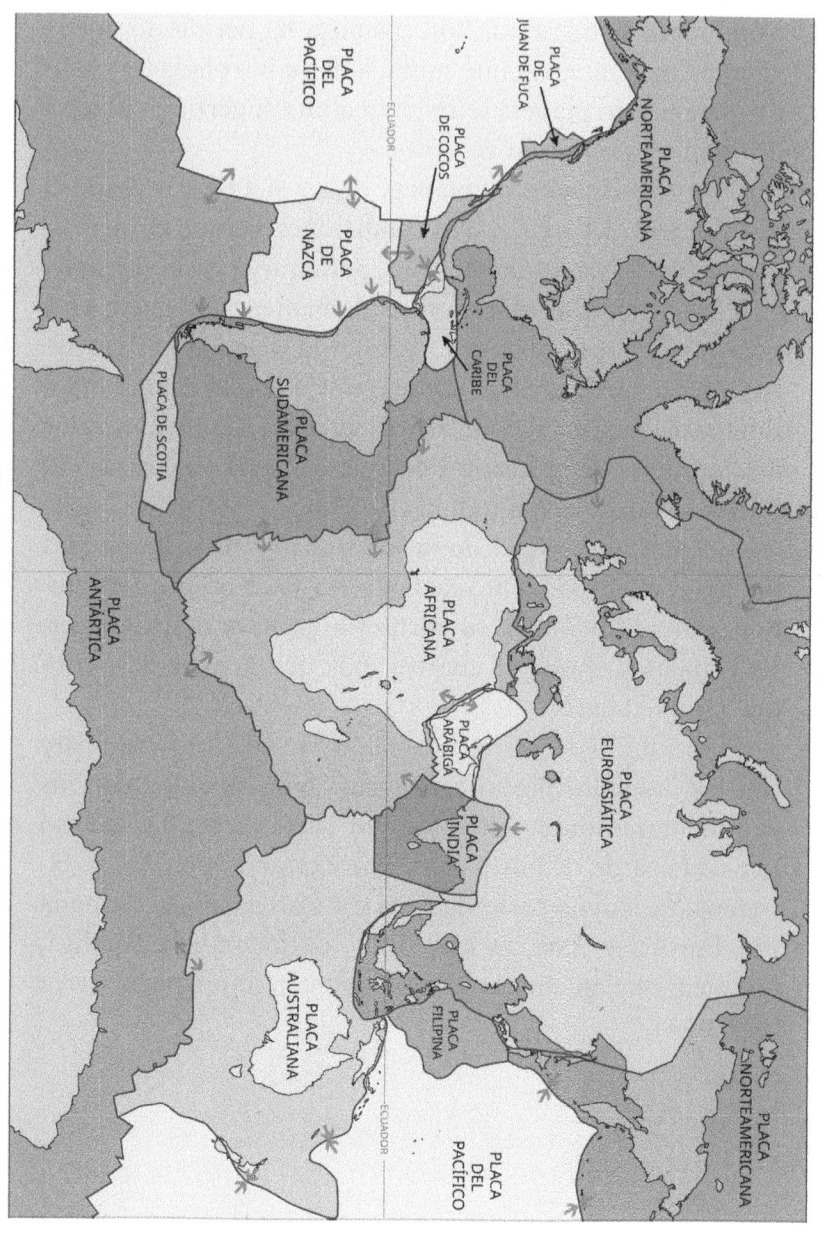

**Figura 8.** Placas tectónicas.

Lo que nos interesa saber aquí es que las placas se mueven y que en sus bordes ocurren fenómenos que pueden ser tremendos. Fundamentalmente, al enfrentarse dos placas limítrofes, una tiene que vencer a la otra no haciendo otra cosa que subirse a sus lomos. La vencida se hunde. Pero como la superficie de la Tierra permanece constante, en otros lugares, en vez de esta subducción —que así se llama el hundimiento—, lo que se da entre las placas es una separación. Es lo que acurre, por ejemplo, entre las placas Euroasiática y Africana frente a las dos Americanas: se separan a mitad del océano, llamándose a tan inmensa grieta Dorsal Atlántica. Esta herida silenciosa en la profundidad divide por mitades dicho océano, conectando las zonas Ártica y Antártica.

¿Cuál es el motor que mueve a las placas? Casi quedó dicho: la diferencia de temperaturas entre las capas más superficiales propiciada por el suministro térmico de los mantos radiactivos. Esto hace que el material del que están hechas dichas capas se muevan a modo de como lo hace el agua de la calefacción central: por convección. El movimiento global de la Tierra ayuda a establecer las direcciones de esas migraciones, que van del interior al exterior, ida y vuelta, de manera más o menos circular.

## LA FORMACIÓN DEL DIAMANTE

En el manto superior, desde la base de la corteza hasta unos 200 kilómetros de profundidad (recordemos que el centro terrestre está a 6.378 kilómetros), es donde se empieza a formar el diamante al darse las condiciones de presión y temperatura adecuadas.

El problema —o la ventaja, según se mire— es que esas

condiciones globales deben ir acompañadas de otras circunstancias muy específicas. De no ser así, esa capa acabaría siendo un gigantesco diamante, fenómeno que, como veremos, no es tan insólito en otros contextos cósmicos. La aparente digresión sobre tectónica de placas cobrará sentido cuando exploremos estos mundos diamantinos.

Por lo pronto, los minerales y las rocas fundidas (hechas una pasta a causa de la presión) han de contener el carbono que formará el diamante. Luego, tener una composición en la que, en esas circunstancias, sus moléculas se desgajen de manera apropiada para que el carbono se libere de ellas y se puedan agrupar sin demasiados vecinos alrededor. Y que, poco a poco, pueda liberarse de todos estos, pues recuérdese que el diamante es carbono puro cristalizado de manera tan extraordinariamente regular que admite tan pocos átomos en su seno, que de impurezas pasan a la categoría de embellecedores.

Lo más importante de todo lo anterior es el tiempo. Una ordenación de átomos de carbono tan perfecta como es el diamante solo puede conseguirse dándole muchísimo tiempo a que los enlaces covalentes entre ellos se fortalezcan de manera uniforme y regular. Así, como ya apuntamos, si los pocos lugares donde se está llevando a cabo esa concepción embrionaria inician su emigración a la superficie antes de tiempo, nada bueno aflorará.

La pregunta ahora es qué es lo que impulsa a esas rocas interiores hacia fuera.

Las colisiones entre las placas provocan, cómo no, tremendas convulsiones en forma de terremotos y, la que interesa aquí, de volcanes.

Ya tenemos la explicación de lo que apuntamos como razón por la que los mineros encuentran diamantes de diferente calidad. Los que su viaje ha durado tres mil millones años son los mejores, naturalmente; los que han aflorado o quedado aglutinados a una profundidad accesible en solo mil millones de años o menos, se presentarán en forma de pequeños pedruscos que habrá que trabajarlos a fondo para que tengan buen valor.

Otros diamantes, aún menos valiosos que estos últimos, son los que se generan de repente de la manera más burda e inquietante: por la colisión de un meteorito, o, peor, un asteroide. El formidable impacto puede dar lugar a una presión y temperatura apropiadas, pero como es de suponer, la cristalización del carbono apenas habrá podido ir más allá de un polvo diamantino útil como mucho para la industria tuneladora.

Cuando veamos un bello anillo de pedida, y tras disfrutar de los intensos brillos de la mirada de la prometida y del diamante, piénsese en el largo viaje que ha tenido que recorrer desde las entrañas de la Tierra.

Sin embargo, esta reflexión tan poética quizás se ensombrezca si quien contempla la escena medita sobre el dolor y la sangre que los diamantes han generado a lo largo de la historia humana.

# 10
# SANGRE POR DIAMANTES

—Esta piedra no tiene ni veinte años de edad. La encontraron a orillas del río Amoy, en el sur de China, y presenta la particularidad de poseer todas las características del carbunclo, salvo que es de color azul en lugar de rojo rubí. A pesar de su juventud, ya cuenta con un siniestro historial. Ha habido dos asesinatos, un atentado con vitriolo, un suicidio y varios robos, todo por culpa de estos doce quilates de carbón cristalizado. ¿Quién pensaría que tan hermoso juguete es un proveedor de carne para el patíbulo y la cárcel?

*Las aventuras de Sherlock Holmes*,
ARTHUR CONAN DOYLE

Lujo, riqueza y poder. Una de las acepciones de la palabra lujo, como abundancia en el adorno y objetos suntuosos, es la que lo define como aquello que supera los medios normales de alguien para conseguirlo. Sin embargo, creo que también sería apropiado definirlo como lo que, convertido en necesidad, va más allá del agua, la comida, el abrigo y el refugio.

La riqueza va un tanto en el mismo sentido, pero el poder sí se separa, en principio, de los anteriores porque está relacionado con la fuerza y el dominio de otros. La historia nos ha ofrecido casos de tiranos omnipotentes a los cuales la riqueza y el lujo no les interesaban en absoluto; amantes del lujo que ignoraban el poder; y personas inmensamente ricas a las que el poder y el lujo las dejaban indiferentes. Pero qué duda cabe que los tres conceptos han sido motores importantes, y demasiado decisivos, en el devenir de la evolución política y social de la humanidad.

Tampoco hay que detestarlos pues, gracias al que nos puede parecer más prescindible por superfluo, el lujo, hoy podemos disfrutar de, por ejemplo, la Alhambra de Granada y mucha belleza en todas las artes.

Si los materializamos, las armas serían el paradigma representativo del poder, el oro de la riqueza y, sin duda, los diamantes del lujo. A pesar de la posible independencia apuntada, en el caso de los diamantes se han unido los tres —lujo, poder y riqueza— de la manera más cruel que pueda imaginarse.

## DIAMANTES MALDITOS

Veamos unos cuantos ejemplos de diamantes famosos por las consecuencias que han desencadenado en la historia. Tantos sufrimientos causaron que sus nombres propios perdurarán para siempre.

Hemos de empezar por la India, porque puede que sea cierto lo que muchos sostienen: fue allí donde surgió la pasión por los diamantes.

El Gran Mogol es, o ha sido —porque se le ha perdido la pista— el diamante más grande encontrado en la India: casi 800 quilates (unos 160 gramos). Perteneció al gran emperador Jahan, famoso porque fue el que ordenó la construcción del Taj Mahal. El sah de Persia, Nader, tan ansioso que le dieron el sobrenombre de «Napoleón persa», saqueó la ciudad india de Delhi en 1739 con el objetivo fundamental de hacerse con el Gran Mogol. Lo consiguió tras un terrible saqueo. El diamante acabó en Teherán hasta que la dinastía safávida se extinguió y el diamante inició su incierto periplo que lo llevaría a esfumarse en la historia.

Aurungzeb, hijo del emperador Jehan, sin duda frustrado por el botín con que arrambló Nader, se empeñó en conseguir el diamante que le seguía en fama: el Kon-i-Noor o Montaña de Luz. Para ello regó la India de sangre, mandó degollar a sus tres hermanos y destronó al padre, encarcelándolo después. Aunque, eso sí, le permitía ver desde la ventana de su celda su querido Taj Mahal a través del bello Kon-i-Noor.

En Europa tampoco nos hemos librado de historias terribles asociadas a los diamantes. En la larga historia del diamante Sancy destaca el avatar que sufrió tras la batalla de Morat en 1476. Resultó que el príncipe Carlos el

Temerario, que andaba por allí porque haciendo honor a su apodo no se perdía una batalla, extravió la joya en mitad de una bulla guerrera. Llevaba el diamante pendiente del cuello en un bello colgante. Lo encontró un soldado enemigo, un mercenario suizo. Este se lo vendió a un caballero francés por un galón (unos cuatro litros) de aguardiente.

Cuando unos ladrones trataron de robar al caballero, su fiel sirviente se lo tragó, bien fuera para salvarlo de los malandrines o por si aquello acababa ventajosamente para él. Pero uno de los malhechores lo vio, así que lo mataron y lo destriparon y encontraron la bella piedra, por lo que en realidad resultó su ruina. Ahí empezó otra nueva y azarosa, pero menos cruel, emigración, hasta que el Sancy acabó en el Louvre.

## DIAMANTES: EL MITO DE VARIAS CARAS

Tres películas ilustran de manera más cercana y comprensible las diferentes caras del diamante en la sociedad moderna: *Plan oculto* (*Inside Man*), *Diamante de sangre* (*Blood Diamond*) y *Desayuno con diamantes* (*Breakfast at Tiffany's*). Cada una representa una faceta distinta de esta compleja relación entre el hombre y la piedra más dura del mundo.

En *Plan oculto* de Spike Lee (2006), se comete un atraco bancario perfecto cuyo *modus operandi* está tan bien elaborado que tuvo su reflejo en obras posteriores, como la serie española *La casa de papel*.

El jefe de los asaltantes anuncia sus dos objetivos: vengarse y enriquecerse. La venganza va dirigida hacia colaboracionistas nazis que se enriquecieron durante el Holocausto, y el enriquecimiento no busca dinero, sino seis u ocho bolsitas de terciopelo azul repletas de diamantes que simbolizan el coste de infinidad de víctimas. En la película, los diamantes llevan consigo no solo belleza, sino también el peso de la historia, la injusticia y la crueldad.

Edward Zwick dirigió *Diamante de sangre* en 2006. Se trata de una película muy cruda, sobre todo porque la violencia más feroz la llevan a cabo niños soldados.

En Sierra Leona primero y Liberia después, durante los años 90 del siglo pasado, se desarrollan guerras civiles aparentemente enloquecidas donde el ejército regular y unos supuestos «liberadores» masacran a la población civil de modo indiscriminado y con más saña que la que se aplican entre ellos. Lo que hay detrás del conflicto son las minas de diamante que sirven no solo para enriquecerse a los cabecillas militares y rebeldes, sino para financiar las armas con las que asesinan.

En este contexto, un pescador pobre convertido en esclavo minero encuentra un enorme diamante que trata de utilizar para reencontrar y salvar a su familia. Con la ayuda de un mercenario reconvertido en traficante de diamantes, vive una peligrosa aventura que acaba en los foros más importantes: en La Haya, con los principales criminales de guerra ante el tribunal internacional, y en Kimberley, donde interviene en una conferencia internacional. Este evento se convierte en el embrión del acuerdo mundial para evitar el tráfico con los llamados desde entonces «diamantes de sangre».

¿Se ha evitado que esos diamantes entren en el mercado mundial? Es difícil saberlo, porque ese mercado está concentrado por un puñado de negociantes en unas pocas ciudades, con Amberes a la cabeza, y el intercambio entre ellos es tan opaco que nadie conoce la procedencia de los diamantes.

Para rematar el capítulo con amenidad y sin violencia ni traiciones, vayamos con la tercera película: *Desayuno con diamantes*, dirigida por Blake Edwards en 1961 y basada en la novela de Truman Capote *Breakfast at Tiffany's*. La película cuenta la historia de Holly Golightly[5], una joven que tras sus largas noches de trabajo como *escort* no encuentra nada que más le plazca que desayunar frente a la mejor tienda de diamantes de Nueva York: Tiffany. Su historia de amor con Paul, un aspirante a escritor, simboliza la tensión eterna entre el amor verdadero y la atracción del lujo.

Hollywood optó por limpiar la historia para llevarla a la pantalla. La protagonista de la novela es una jovencísima prostituta bisexual, casada a los catorce años y en su esplendor a los diecinueve. Las gafas de sol que luce la actriz Audrey Hepburn y que se pusieron de moda en todo el mundo, en realidad están graduadas a fondo porque Holly no ve un pimiento. Por otro lado, el protagonista masculino, que es un aspirante a escritor, curiosamente en la película y no en el libro vive mantenido por una mujer mayor casada y rica.

El guion es sencillo, el escritor y la *escort* se enamoran. Tristemente, la pobreza de él y la pasión por el lujo de ella les impiden llegar muy lejos. Ella acaba por aceptar casarse —nada ilusionada porque es un ser libre— con un riquísimo diplomático brasileño —por cierto, representado por el actor español José Luis de Vilallonga—. En la película, el amor es más poderoso que el lujo y la bella y joven Holly acaba aceptando el amor de Paul, el artista. En la novela, la detiene la policía acusada de estar envuelta, aunque indirectamente, con la mafia italiana en el tráfico de drogas. Se escapa estando en libertad provisional y acaba en Brasil, abandonada por todos para no verse envueltos en el escándalo.

Estos relatos, algunos históricos y otros de ficción, son historias sobre una misma paradoja: la piedra que simboliza el amor más puro es también capaz de generar las tragedias más terribles. El carbono, en su forma más perfecta y ordenada, se convierte así en un espejo de la propia naturaleza humana: hermosa y terrible a la vez.

Mientras sigan manteniéndose tradiciones como la de pedir matrimonio con un diamante engastado en un anillo, este mercado será imparable. Y con él, la eterna lucha entre la belleza que buscamos y el precio que pagamos por ella.

# 11
# DIAMANTES CÓSMICOS

Brillar como un diamante,
Brillar como un diamante,
encontrar la luz en el hermoso mar,
elijo ser feliz.
Tú y yo, tú y yo, somos como diamantes en el cielo.
Eres una estrella fugaz que veo como una visión de éxtasis.
Cuando me abrazas, estoy vivo,
somos como diamantes en el cielo.
Sabía que nos convertiríamos en uno de inmediato.
En cuanto te vi, sentí la energía de los rayos del Sol,
vi la vida dentro de tus ojos,
así brillamos esta noche tú y yo.
Somos bellos como diamantes en el cielo.
Cara a cara.
Tan vivos.
Brillamos como un diamante en el cielo.
Las palmeras se elevan hacia el universo
como nosotros, con *luz de luna* y cristal.
Sintiendo el calor, nunca moriremos.
Somos como diamantes en el cielo
Somos bellos como diamantes en el cielo.[6]

*Diamonds*,
ROBYN RIHANNA FENTY

El poema que abre este capítulo es la letra de una bella canción de la cantante Rihanna que sugiere una idea fascinante: que en el cielo puede haber diamantes.

Permítaseme un breve excurso sobre un verso curioso de la canción: «con luz de luna y cristal».

En el verso original («As we moonshine and molly»), Rihanna juega con dos términos del argot inglés cargados de significado cultural. *Moonshine* («luz de luna») es el nombre que se dio al whisky casero destilado ilegalmente durante la época de la Prohibición en Estados Unidos, mientras que *molly* es el apodo común en inglés para referirse al éxtasis o MDMA (metilendioximetanfetamina), que aquí se ha traducido como «cristal». La frase crea una metáfora de estados alterados de conciencia que conecta con el tema de la canción: brillar intensamente, como diamantes.

Este detalle me recuerda la advertencia de mi padre sobre convertirme en un pozo insondable de conocimientos inútiles. A este vasito que eché al pozo le siguió el de averiguar que la autora fue cadete del ejército de Barbados y que acabó cantando con su sargenta. Ambas abandonaron las armas y actuaron juntas en muchas ocasiones. Me asalta la duda de si mi padre tenía razón y me hubiera ido mejor en la vida siendo técnico electricista como él. Me quedé en lo del pozo insondable, aunque convencido de que detalles como este revelan cómo la cultura popular teje referencias inesperadas que conectan lo cotidiano con lo cósmico.

Muy bien, pero ¿qué tienen que ver los diamantes con el cielo, las estrellas, fugaces o no, el universo y el Sol? En principio, nada, a menos que se esté hasta las cejas de MDMA o de LSD como, según John Lennon y Paul Mc-Cartney, estaba también la protagonista de *Lucy in the Sky with Diamonds*.

La cuestión es si, como sugiere la canción de Rihanna —e incluso la de los Beatles—, en el cielo puede haber diamantes. La respuesta es que sí, pero con una singularidad: en lugar de decenas de quilates, esos diamantes pesarían muchos trillones de toneladas, porque pueden tener el tamaño de un planeta.

## EL CICLO DE VIDA ESTELAR

Una vez recuperados del sobresalto, adentrémonos en el fascinante mundo de las estrellas enanas blancas y explicar con un poco de detalle sus propiedades físicas.

Una estrella se mantiene en equilibrio durante miles de millones de años gracias a un juego entre tres energías. Una, que tiende a expandirla, la generan las reacciones termonucleares que se desarrollan en su interior. Otra es la energía que irradia al exterior en forma de radiación, consecuencia de la anterior. La tercera, la más débil pero también la más pertinaz, es la gravitatoria, la cual tiende a concentrar toda la inmensa masa del astro.

Las reacciones nucleares funden núcleos de hidrógeno, protones, que, como es natural, acaba consumiéndose, al menos en una parte que hace que el resto sea incapaz de mantener el equilibrio.

Las reacciones cesan, la estrella se apaga y la gravedad triunfa haciendo que la estrella colapse. Quiere esto decir que toda su masa se derrumba hacia el centro. Aunque llega un punto en que esa agonía se detiene y al final del libro explicaré por qué, así como más detalles de los estertores finales de las estrellas antes de morir.

Salvo circunstancias que ya veremos, el cadáver estelar vagará errante por la galaxia. Aún tiene una temperatura cerca de la superficie de unos 10.000 grados y muchos más en su interior más profundo hasta el centro. Pero hay una característica curiosa: la capa superficial aísla en gran medida el interior. Así, el frío interestelar no afecta apenas a un enorme volumen desde su centro hacia la superficie. La capa, además de abrigar el interior, impide en gran medida que el calor interno se disipe en ese vacío.

La conclusión resulta muy interesante: las estrellas enanas blancas, que así se llaman estos restos, tardan una eternidad en enfriarse, lo que conlleva que brillan aún hasta que oscurecen poco a poco, acabando por ser invisibles.

## LA TRANSFORMACIÓN DEL CARBONO ESTELAR

El interior de estos remanentes estelares tiene carbono en abundancia extraordinaria, también veremos por qué en la última parte del libro. Conforme la estrella muerta va apagándose, es decir, enfriándose su interior, toda ella va cediendo a la extraordinaria presión gravitatoria.

¿Qué puede pasarle al carbono atómico sometido a una altísima presión y enfriándose desde una alta temperatura de manera lenta y reposada, sin alteración ni convulsión alguna? Acierta de nuevo el lector paciente que ha llegado hasta aquí: puede convertirse en diamante.

Recientes modelos matemáticos han mostrado que en esas circunstancias dicho agrupamiento se dirige ineludiblemente a la homogeneidad de la cristalización diamantina.

La mayor parte del interior de la estrella enana blanca, destino inexorable de nuestro Sol y la infinidad de estrellas de su porte, cada vez más oscura en su exterior, va convirtiéndose en el diamante más portentoso que pueda imaginarse.

Hay una circunstancia más a considerar. En las primeras etapas del universo, la vida media de las estrellas era muy pequeña en comparación con las generaciones posteriores, cuyo interior ya estaba enriquecido materialmente. Casi 14.000 millones de años después estamos ya en una situación de «demografía estelar» dispar de la anterior porque mueren más estrellas de las que nacen.

La conclusión es que el número de estrellas errantes enanas blancas, o ya oscuras e incluso invisibles, puede ser mucho mayor que el detectado hasta ahora, que es muy grande.

Rihanna, a través de la música y la poesía —con su propia alusión a sustancias psicoactivas, que establece un paralelo con la Lucy de los Beatles—, quizás ha alcanzado la certeza de que el cielo puede estar repleto de diamantes. ¿No es fascinante la intuición científica de los poetas? ¿No es inevitable injertar la ciencia en el arte y la cultura? La respuesta brilla en el cielo nocturno, donde cada punto de luz puede llegar a ser, literalmente, un diamante en el firmamento.

# 12
# EL CARBONO Y LA VIDA

¿De qué naturaleza son los cuerpos
que el mismo ánimo agitan y conmueven,
y en él excitan varias sensaciones,
si niegas que produce la materia,
insensible por sí, sensibles seres?

Es cierto que las piedras y los leños,
aunque la misma tierra se les una,
no pueden producir el sentimiento
de la vida: por eso no pretendo
que los átomos todos sean capaces
de componer en un momento seres
sensibles, pero creo de importancia
atender a su número y grandeza,
su orden, su figura y movimiento,
y situación; pues nada de esto vemos
en troncos y terrones: sin embargo,
por medio de las lluvias, corrompidos
estos cuerpos, parecen gusanillos,
porque sus elementos, removidos
con esta novedad, se unen del modo
que deben engendrar los animales.

En fin, cuando establecen que resulta
la sensibilidad de los principios Sensibles,
y que aquestos son formados

de otros también sensibles, hacen luego
substancias blandas, pues que está juntada
la sensibilidad con las entrañas,
nervios y venas, y procede todo
de cuerpos blandos y perecederos.

*De rerum natura*,
TITO LUCRECIO CARO

Mil millones de años después del Big Bang, cuando el Sol ya había alcanzado su estabilidad actual, la Tierra era un auténtico infierno. Aunque el hierro y el níquel se habían hundido, formando ya definitivamente el núcleo fundido y ardiente del planeta, en las capas superficiales la agitación era tremenda: la desintegración radiactiva en el manto terrestre agita aún más la caótica corteza del planeta; volcanes, géiseres y terremotos desde dentro y lluvia de cometas y meteoritos desde el cosmos lo agitan todo, pero lo más terrible son los rayos ultravioletas procedentes del Sol.

La atmósfera que se está formando surgida del interior del planeta es muy distinta a la que tenemos ahora y parecida a la de los planetas gigantes: amoníaco, metano, vapor de agua y dióxido de carbono. Nada de oxígeno, porque ya veremos que este ha sido más consecuencia que causa de la vida.

## LA ERA MOLECULAR

Aun así, más interesante que tan violentas circunstancias ambientales es lo que durante ese primer eón han ido haciendo los átomos de Leucipo, Demócrito y la magna interpretación intuitiva que Lucrecio hizo de ellos. Es una era molecular, de agrupamiento de átomos en una gran diversidad de moléculas. En rigor, a esa etapa se le llama diferenciación.

Todos los elementos, salvo los radiactivos de vida corta, están presentes, pero ya sabemos que los más destacados e incluso abundantes son el hidrógeno, el helio, el carbono y el oxígeno. Sigámosle la pista a cada uno de estos átomos.

## EL HIDRÓGENO

El primero, el hidrógeno, se une formando parejas: es el hidrógeno molecular $H_2$. Es tan ligero que escapa de la atracción gravitatoria y huye como un globo infantil hacia el cielo. Pero mientras el hidrógeno primordial trata de escapar del planeta, gran parte de él queda atrapado por otros átomos formando moléculas más pesadas. Entre estas se distingue el agua, $H_2O$, pero no será tanta como para llenar los actuales mares y océanos. Esta agua vendrá fundamentalmente de afuera traída por lluvias, o si se prefiere lo tremendo y más apropiado, el bombardeo incesante de cometas. Aun así, el agua formada en los primeros estadios tiene gran facilidad para unirse a otros grupos de átomos y propiciar infinidad de reacciones químicas.

## EL HELIO

El helio tiene otro destino. Es un gas que se dice noble. Los gases nobles se distinguen de los populares porque son tan estables y tienen tan poca tendencia a interactuar con los demás elementos que quedan aislados. El destino del más ligero de todos ellos, el helio, es liberarse de todo y escapar a los cielos interestelares.

## EL OXÍGENO

El tercer proceso crucial del oxígeno —tras permitir la supervivencia del carbono en las estrellas y formar agua con el hidrógeno— es su capacidad de disociarse y reagruparse, preparando el escenario para lo que vendrá después. Los átomos de oxígeno se han unido por parejas, como el hidrógeno, pero la luz ultravioleta del Sol rompe muchas de esas moléculas dejando átomos libres de oxígeno. Muchos de estos átomos y moléculas de oxígeno se unen para generar una molécula bendita que se llama ozono: $O_3$. ¿Dónde reside su bondad?

Por razones físicas y meteorológicas sencillas, una buena cantidad de esas moléculas de tres átomos emigran hacia las capas altas de la atmósfera y allí se agrupan hasta formar su propia capa. Esa tenue esfera que envuelve a la Tierra hace algo maravilloso: la abriga de los agresivos rayos ultravioletas del Sol. Para formularlo más precisamente, los despoja de gran parte de su energía, invertida en destrozar las moléculas de ozono. Al cabo de este proceso, los átomos de oxígeno vuelven a unirse en grupos de tres de manera reversible, continua y pertinaz. Nuevo ozono renovado. La energía que los rayos ultravioletas pierden en esas transformaciones los calma en gran medida y se incorporan al rango amable de frecuencias de la luz del Sol.

## EL PROTAGONISTA: EL CARBONO

Sobre el carbono tenemos que volver a resaltar su propiedad atómica fundamental. De sus seis electrones, cuatro de ellos están muy, pero que muy predispuestos a unirse con los electrones de otros átomos, incluidos los de otro carbono, lo que es casi más importante. Estos enlaces, que llamamos covalentes, son extraordinariamente firmes.

Los dos electrones, uno de aquellos cuatro del carbono y el del elemento que tenga algún electrón con ganas de emparejarse con cualquiera de ellos, dejan de pertenecer a su átomo y forman parte simultánea de los dos. Todo esto ya lo vimos, pero es oportuno recordarlo aquí.

Hay otro elemento, no tan abundante como el carbono, que tiene la misma propiedad que él: cuatro electrones susceptibles de unirse a los de muchos otros elementos. Es el silicio. Pero hay una diferencia curiosa entre los compuestos moleculares formados en base al carbono y los que se fundamentan en el silicio: estos son muchos más rígidos en general. Así, estamos nada más y nada menos que ante el elemento básico de la vida, el carbono, y el de las rocas, el silicio.

## ¿QUÉ ES LA VIDA?

¿Qué es la vida? ¿Cómo se originó? ¿Dónde existe? Esas son, sin duda, tres de las preguntas más profundas que se ha planteado la humanidad. O al menos tres de las más importantes.

La respuesta más original e inteligente a la primera creo que la dio Schrödinger, el físico de vastísima cultura intelectual que trascendía las fronteras de su disciplina —a la par que mujeriego impenitente—, en un opúsculo titulado *What is life?* con el subtítulo *The Physical Aspects of the Living Cell*, escrito en 1944.

Su pensamiento al respecto puede captarse en la siguiente definición, la más simple que se me ocurre: la vida es el fenómeno por el que materia agregada genera un ser que se desarrolla, se reproduce y muere.

Parecerá reduccionista, pero al menos está centrada en el asunto. El diccionario de la RAE presenta nada menos que dieciocho acepciones, desde las más científicas hasta las más metafísicas, pasando por las que causan perplejidad, como la 17, «Existencia después de la muerte», y la 18, «Visión y gozo de Dios en el cielo». La superlativa *Encyclopedia Britannica* no hace menor derroche: «Los seres humanos son colectivos ambulantes de unas $10^{14}$ células»[7].

A la vista está que quizás sea mejor aparcar esa primera pregunta y lanzarse a por la segunda: ¿Cómo se originó la vida?

Científicamente, la vía para responder preguntas desde triviales a trascendentales es experimentar. Sobre cómo surgió la vida en nuestro planeta, en 1953 un estudiante guiado por un buen profesor hizo un experimento de resultado pasmoso: el famoso experimento de Urey y Miller.

En un recipiente que forma parte de una sencilla disposición de tubos, matraces y válvulas de vidrio, se hace confluir vapor de agua ($H_2O$), amoníaco ($NH_3$), dióxido de carbono ($CO_2$), metano ($CH_4$) e hidrógeno molecular ($H_2$). Se suponía, bastante acertadamente, que esos componentes que eran los esenciales de la atmósfera de la Tierra primitiva. La mezcla, a buena temperatura, se la somete a rayos y truenos, es decir, a chispazos de electrodos.

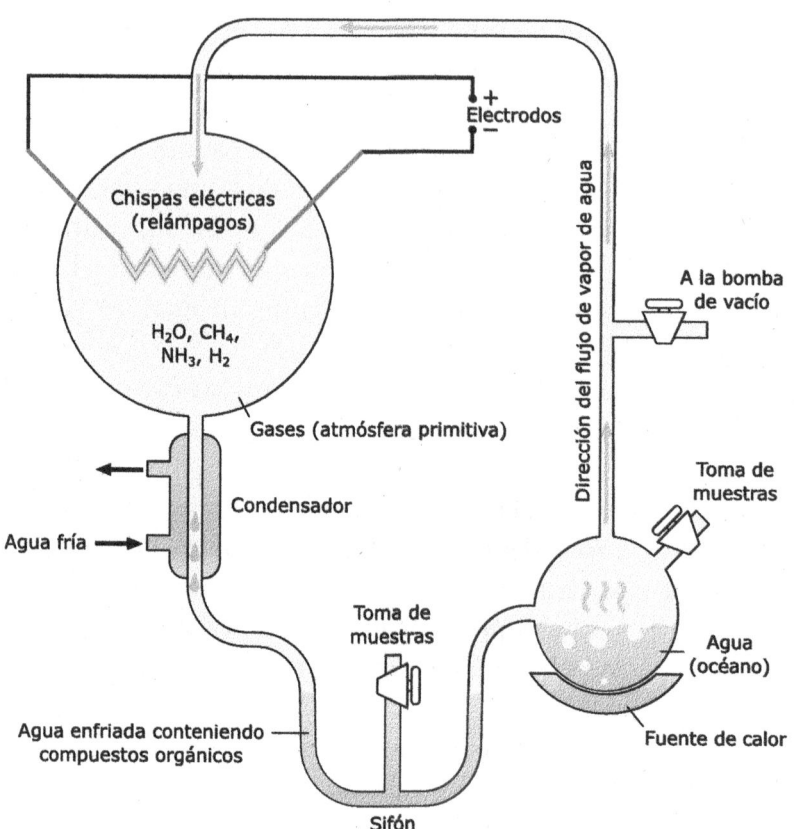

**Figura 9.** El experimento Urey-Miller.

Al rato, aparece en el matraz un líquido parduzco. Se analiza cuando ya esté templado y, ¡tachán! Se encuentran aminoácidos.

¿Qué son los aminoácidos? Los ladrillos de la materia orgánica.

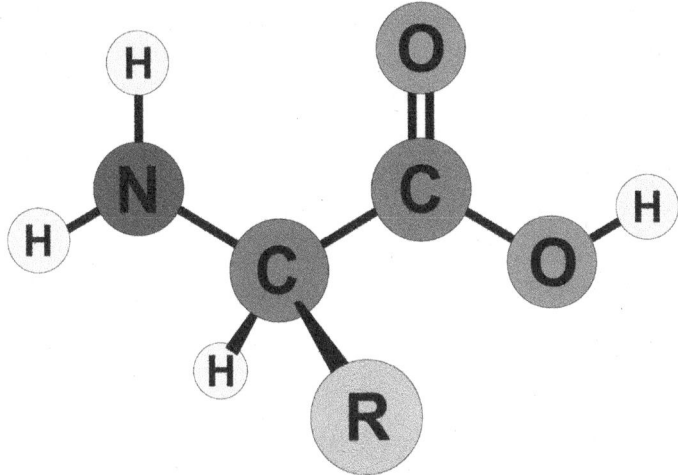

**Figura 10.** Estructura del aminoácido.

El grupo amino ($NH_2$), el grupo ácido carboxilo (COOH) y el átomo de hidrógeno son comunes a los 20 aminoácidos que se conocen en la Tierra (en el cosmos ya se han descubierto más de cien diferentes). El otro grupo R, llamado radical, puede alcanzar cierta complejidad y es el que distingue un aminoácido de otro.

El siguiente escalón en la construcción de la vida con esos ladrillos son las cadenas polipeptídicas (lo sé, tremendo nombre). Son aminoácidos enlazados. Imaginemos que tenemos pequeñas bolas de veinte colores. ¿Cuántos collares podemos hacer? Muchísimos, porque el número de bolas de cada collar también puede variar.

El siguiente paso son las proteínas, que ya incluso su forma plegada y replegada definirá la función que ha de desempeñar. Todas ellas se construyen con poco más de un centenar de conjuntos (collares) de esos 20 aminoácidos (perlas).

Lo que culmina la complejidad bioquímica son los áci-

dos nucleicos de dos clases: los ribonucleicos y los desoxirri-
bonucleicos, es decir, los famosos ARN y ADN. Estos últimos determinan qué proteínas han de formar una célula,
un tejido y órgano (conjuntos de células) y un organismo
(conjunto de tejidos y órganos).

Solo quedan los cromosomas, formados de ADN, cuyas
unidades básicas constituyentes, los genes, van a ser los
transmisores de toda la información a transmitir a los descendientes.

## EL ORIGEN DE LA VIDA EN LA TIERRA

Cómo se fueron agrupando los aminoácidos para desem-
bocar en la vida fue y es un juego entre al azar y la necesidad con las reglas de selección natural de Darwin extrapo-
ladas a la biología molecular. Y, eso sí: tiempo, mucho
tiempo —de lo que nos falta en el laboratorio—.

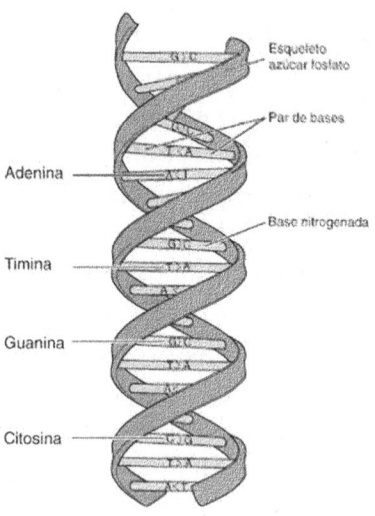

**Figura 11.** Estructura del ADN

La materia orgánica incipiente y básica se agrupa en un medio que le permita un cierto recorrido. La tierra no facilita las colisiones entre ellas, el agua y el aire tampoco, por lo contrario: si las posibilidades de encuentro en la primera son escasas por la rigidez, en los segundo y tercero lo son por la dispersión. Quizás el medio más apropiado fueron las charcas primigenias, —sí, del barro, que, siendo generosos, coincide con la intuición bíblica—. Sin bromas, lo que ocurrió, tras infinidad de agrupaciones fortuitas, puede resumirse como sigue.

La luz ultravioleta del Sol rompe muchas de las moléculas que forman la atmósfera. Los cometas y meteoritos caen con una frecuencia enloquecedora, aportando moléculas complejas y agua, mucha agua. Esta provoca auténticos diluvios, esparciendo por doquier la ingente cantidad de materia orgánica ya formada.

Los incipientes mares y océanos se llenan de aminoácidos, formando una disolución que es un auténtico caldo orgánico. Las mareas, lluvias y corrientes acuosas llenan lagunas y pantanos por doquier. Las arcillas provocan un efecto singular en las macromoléculas inmersas en el agua: algunos de sus átomos actúan atrayendo a algunas moléculas y repeliendo a otras. Fuertes evaporaciones y nuevas lluvias dispersan estas agrupaciones por todo el planeta.

## NACE LA CÉLULA

Infinidad de formaciones moleculares y otros átomos pesados quedan en nada y se van hundiendo en los mares y depositando en sus fondos. Muchos de estos mantos orgánicos formarán el petróleo actual, pero otros subsisten en los medios acuosos. El petróleo es, por tanto, muchísimo más antiguo que el carbón.

Algunas de las macromoléculas formadas rechazan el agua y otras la atraen. De unas y otras se forman agrupaciones más pequeñas. La combinación de esa filia y esa fobia por el agua hace que se vayan estableciendo límites entre unas pelotas y otras. Nuevas moléculas más ligeras empiezan a formar una membrana.

Nada vivo hay aún, pero una auténtica «lucha por la vida» se desencadena en todo el planeta. Las bolas que han formado una membrana demasiado permeable desparraman su contenido; las que aíslan en demasía su contenido del exterior hace que este se enquiste. Pocas, poquísimas, logran establecer un delicado equilibrio: sus membranas permiten expulsar grupos moleculares que exigen demasiada energía y retener aquellos que son favorables a uniones complejas.

Las proteínas ya son moneda corriente dentro de las bolas y otros grupos moleculares se empiezan a ensamblar de las maneras más curiosas. Una de estas formas es el ARN y otra, aún más estable y fantástica, es el ADN.

Era casi inevitable que se formara este maravilloso complejo molecular en forma de dos larguísimas hebras paralelas dispuestas en una doble hélice. Tan inevitable es la formación del ADN en circunstancias apropiadas, que se considera que cualquier otra forma de vida en el universo deberá tener como pilar básico este delicado ensamblaje de elementos ligeros.

Las bolas que logran establecer una diferenciación interna —aquellas que incuban una bola interior con ADN y otras sustancias auxiliares, el núcleo celular— hacen algo inaudito: se rompen en dos bolas muy similares. Entonces surge lo que llamamos vida.

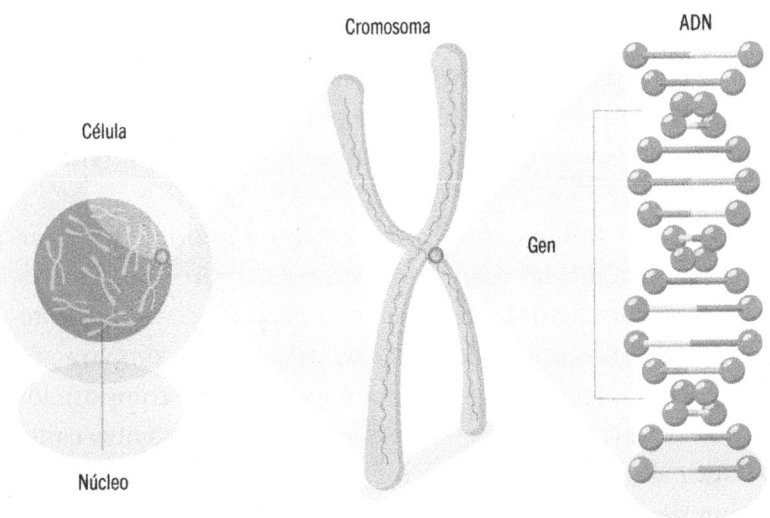

**Figura 12.** Localización del material genético dentro de la célula.

La variedad del conjunto de cromosomas que anidan los núcleos celulares es lo que singulariza y define a cada futuro ser vivo.

La ruptura en dos es un proceso que se desencadena vertiginosamente. Si la formación de toda la amalgama orgánica anterior ha costado entre doscientos y doscientos cincuenta millones de años, lo que viene ahora tiene lugar en un suspiro porque de 1 salen 2, de 2, 4, 8, 16, 32...

Las células con núcleo se van a agrupar entre sí para defenderse mejor de las condiciones externas a ellas que aún son muy hostiles. Muchas reproducciones no son idénticas porque las mutaciones son frecuentes.

Las células empiezan a agruparse y a distribuirse entre ellas funciones específicas, porque tal organización especializada favorece su existencia.

Las primeras formas de vida aprendieron a desempeñar funciones maravillosas estimuladas por el medio ambiente, la energía del Sol y la lucha por la existencia: la respiración y la fotosíntesis. La segunda, en particular, generó el oxígeno de la atmósfera mediante la asimilación del dióxido de carbono.

El proceso fue extraordinariamente rápido. Para hacerse una idea de ello baste considerar que todo el oxígeno de la atmósfera actual participa en el proceso de la fotosíntesis provocado por la flora de hoy día, rala en comparación con la primigenia, en sólo 2.000 años. La descomposición de la materia orgánica liberó a la atmósfera ingentes cantidades de nitrógeno, que es el compuesto molecular más abundante del aire. La capa de ozono ya resguardaba la superficie de la Tierra de los dañinos rayos ultravioletas del Sol.

## EL PAPEL PROTAGONISTA DEL CARBONO

Concluyamos la gran odisea de la generación de la vida con el papel desempeñado por el átomo de carbono.

Los aminoácidos tienen entre dos —la glicina— y once —el triptófano— átomos de carbono perfectamente situados. Las proteínas las forman 50 aminoácidos o más, pudiendo sobrepasar los 100. Estamos ya ante moléculas muy complejas soportadas y estructuradas por entre 100 y más de mil átomos de carbono. Los ácidos nucleicos ya son estructuras formidables de miles de millones de átomos de carbono que engarzan no solo los elementos esenciales de la vida —hidrógeno, oxígeno y nitrógeno—, sino otros más pesados que proporcionan una diversidad inaudita.

Es un proceso tan fascinante que hay quien piensa que obedece a un diseño inteligente. Sin embargo, hasta ahora la ciencia ha descrito el proceso con una precisión tan loable como la que alcanzó Laplace al describir matemáticamente los movimientos del Sistema Solar. Cuando se lo mostró en su bello opúsculo a Napoleón, este, admirado y suspicaz, arguyó que no veía a Dios por ninguna parte. Laplace replicó con una de sus célebres sentencias: no había tenido necesidad de usar tal hipótesis.

## LA TEORÍA GAIA

Naturalmente, tanto Laplace como los científicos actuales describen el sistema solar y el origen de la vida sin dilucidar infinidad de misterios. Pero lo que se descubra en el futuro, por lejano que sea y preciso el detalle que se alcance, así como la explicación que se dé del origen, las propiedades y la evolución del universo y su más bello contenido, la vida, no desmentirá lo que sabemos, sino que lo englobará. Y el carbono tendrá en esas explicaciones un papel tan fundamental como el que le hemos reconocido hasta hoy día.

En este punto es conveniente meditar en un asunto que se ha explicado solo someramente.

Se ha dicho que el oxígeno de la atmósfera necesario para la vida lo ha generado la propia vida. Pero ¿no tiene sentido considerar que también el medio se adapta a la evolución del fenómeno de la vida? La vida necesita oxígeno y el planeta lo genera y se lo suministra.

Esta interrelación en dos direcciones fue propuesta por dos magníficos científicos: el químico y ambientalista inglés James Lovelock y la bióloga estadounidense Lynn

Margulis. Le llamaron teoría Gaia (la diosa personificación de la Tierra). Los autores fueron ridiculizados porque se malinterpretó su propuesta, creyendo que sostenían que la Tierra misma era un ser vivo. Pero no, Lovelock y Margulis eran mucho más profundos y competentes. La interrelación que propusieron se ha ido investigando cada vez con más seriedad y sus frutos son tan intrigantes como esperanzadores.

## VIDA EN EL UNIVERSO

Como se ha tratado de demostrar, el carbono es el elemento más importante de nuestro universo y se encuentra esparcido por todos sus confines tras generarse en las estrellas. Que además sea el pilar básico de la vida hace pensar que esta es rica y abundante en el cosmos.

La astrobiología es una ciencia completamente asentada. Cada vez se descubren más propiedades de mayor número de exoplanetas y todo apunta a lo dicho: la vida puede que sea un fenómeno mucho más diverso de lo que ya es en la Tierra y tan expandido que nos llenará pronto de asombro y congratulación.

Si algunos de esos conjuntos de seres vivos han evolucionado hacia la inteligencia y se han dirigido a la construcción de civilizaciones tecnológicas, seguramente habrán extraído de los átomos y sus núcleos todo su potencial. El carbono, no puede ser de otra manera, habrá tenido y tendrá un papel esencial en la historia de esas posibles civilizaciones que algún día contacten con nosotros.

Se cumplirá así una de las intuiciones más perspicaces del género humano:

Existen innumerables soles; innumerables tierras giran en torno a esos soles de manera similar a como los siete planetas giran alrededor de nuestro sol. Seres vivos habitan esos mundos.

Con tal lucidez lo expresó el filósofo italiano Giordano Bruno, cuyas teorías cosmológicas superaron el modelo copernicano. Fue torturado durante ocho años y ejecutado en la hoguera el 17 de febrero de 1600.

# CUARTA PARTE
# EL CICLO INFINITO

# 13
# «¡HAYA LUZ!», Y HUBO LUZ

Me propongo hablar de lo Físico, Metafísico y Matemático —del Universo Material y Espiritual— de su Esencia, de su Origen, de su Creación, de su Actual Condición y de su Destino.

[...]

Mi proposición general, entonces, es esta: en la Unidad Original de la Primera Cosa reside la Causa Secundaria de Todas las Cosas, con el Germen de su Inevitable Aniquilación.

[...]

Si la sucesión de estrellas fuera interminable, entonces el fondo del cielo nos presentaría una luminosidad uniforme, como la que muestra la Galaxia, ya que no podría haber ningún sentido en todo ese fondo, en el que no existiría una estrella. Por lo tanto, el único modo en que, bajo tal estado de cosas, podríamos comprender los vacíos que nuestros telescopios encuentran en innumerables direcciones sería suponiendo que la distancia del fondo invisible es tan inmensa que ningún rayo proveniente de él ha sido capaz aún de llegar a nosotros.

*Eureka* (fragmentos),
EDGAR ALLAN POE

Mi querida, querida Madre:

He estado tan enfermo. He tenido cólera y espasmos tan graves que ahora apenas puedo sostener la pluma. [...]

No tengo ganas de vivir desde que hice Eureka. No pude lograr nada más. Nunca estuve realmente loco, excepto en ocasiones en las que mi corazón ha estado conmovido [...]

Carta firmada el 7 de julio de 1849.

Tres meses después, Edgar Allan Poe fallecía por causas que aún no están claras.

Se ha popularizado con más o menos acierto la frase de que somos polvo de estrellas. Es bonito. Y en gran medida acertado —cenizas sería más apropiado, aunque también más triste—, pero lo que personalmente encuentro más fascinante es que adentrarnos en esa idea, científicamente indiscutible por vaga que sea, nos da una visión y una esperanza que entronca directamente con Epicuro. Él fue el que extendió la relación del siempre sonriente Demócrito entre los átomos y la alegría de vivir.

Así, en esta parte veremos de dónde realmente venimos y hacia dónde nos dirigiremos cuando nuestros átomos se liberen de la vida. Naturalmente, enfocaremos nuestra atención al átomo de carbono, pero se verá claro, si acaso quedaba alguna duda, por qué es el átomo más fascinante del universo.

## ¡HAYA LUZ!

Tengo debilidad por el tercer versículo del Génesis: «Dios dijo: "¡Haya luz!", y hubo luz». Los dos primeros y los que siguen al anterior son muy bonitos, pero también desquiciados. Sin embargo, es admirable la intuición que exige ese tercer versículo para un escritor del siglo VIII a. n. e. por muy poderosamente inspirado que esté.

La luz, estrictamente hablando, es la parte de la radiación electromagnética a la que es sensible el ojo humano. Sin embargo, los físicos hemos aceptado —resignados— que luz y radiación se tomen por sinónimos. El origen del universo fue la generación de luz, que veremos cómo fue «cuajando» en materia y cómo la sede donde se expandieron ambas, luz y materia, se denominó espacio y tiempo.

Para hacernos una idea de qué estamos hablando, juguemos con las escalas del espacio y el tiempo, siguiendo el consejo de William Blake[8] de *ver un mundo en un grano de arena y un cielo en una flor silvestre*. Nuestra luz principal es la que nos regala el Sol. Para hacernos una idea del tamaño del astro rey, hagamos de la Tierra una manzana, de unos diez centímetros de diámetro. Con esta reducción, el Sol sería una bola refulgente de diez metros de diámetro y estaría a algo más de un kilómetro de nosotros.

Los planetas terrestres, Mercurio, Marte y Venus serían frutas menores que la manzana: avellana, nuez y ciruela, situadas entre el Sol y nosotros. Los planetas gaseosos —todos los demás empezando por el grandioso Júpiter— serían globos en los que cabrían entre mil y mil trescientas manzanas. Júpiter estaría entre cuatro y cinco kilómetros alejado de nosotros. Los demás aún más allá.

Conclusión: si el Sol tuviese el porte de una casa unifamiliar, nuestro vecindario, el Sistema Solar, tendría el tamaño de una ciudad mediana. Casi completamente vacía, porque entre los planetas y sus satélites tendría unas doscientas casas. Y, encima, todas deshabitadas.

Apuntamos ahora con nuestros telescopios a las estrellas cercanas al Sol. Si estamos en el hemisferio Sur, sería Alfa Centauri, un sistema triple de estrellas ligadas gravitatoriamente[9]. Si estamos más al norte, sería Sirio, un sistema doble. Están a unos cuatro y ocho años luz de nosotros respectivamente. En nuestro firmamento de juguete estarían a... ¡270.000 kilómetros Alfa y el doble Sirio! Inimaginable.[10]

Hacemos una nueva reducción: encogemos todo el sistema solar hasta el tamaño de una moneda. El Sol queda reducido a un grano de azúcar extraordinariamente brillante. Las estrellas están ahora separadas unas decenas de metros unas de otras.

Seguimos explorando con nuestros telescopios cada vez más potentes y nos damos cuenta de que la espléndida Vía Láctea es una galaxia más entre muchísimas. Nuestra galaxia de azúcar esparcida en un plano a modo de plato tiene el tamaño de un país europeo mediano. ¡Conteniendo entre doscientos y trescientos mil millones de minúsculos granitos de azúcar separados como se ha dicho!

Continuamos escudriñando el firmamento y pronto nos percatamos de que está repleto de galaxias más o menos parecidas a nuestra Vía Láctea. La más cercana a nosotros, Andrómeda, está a una distancia que en nuestro universo de andar por casa supone la separación entre Andalucía y Nueva Zelanda.

Ya puestos, reducimos las galaxias al tamaño de una mesa camilla. El universo se nos presenta como una, digamos, esfera de unas decenas de kilómetros de diámetro. Una gran ciudad, pero en tres dimensiones, es decir con una altura varias veces la del Everest y lo mismo de profundidad y en las demás direcciones. Ahí caben casi tantas galaxias, camillas, como granos de azúcar, estrellas, contiene cada una de ellas.

Poco a poco descubrimos que el universo no es homogéneo ni mucho menos. Las galaxias están agrupadas formando cúmulos e incluso supercúmulos con impresionantes vacíos entre ellos aquí y allá.

## EL BIG BANG: CUANDO NO HABÍA CARBONO

¿De dónde ha salido todo esto? ¿Por qué la noche es oscura y no tan brillante que nos ciegue debido a la tremenda cantidad de luz emitida por tantísimas estrellas? ¿Cuál es el destino de este universo? ¿Es único? ¿Dónde está tanta gente como puede caber ahí? Respondamos brevemente a estas tremendas preguntas según lo que sabemos hoy día. Ya llegaremos al carbono y, tras el respiro que nos daremos después de semejante viaje, quedaremos sorprendidos y congratulados. Invito a que en este punto se relean los fragmentos del *Eureka* de Edgar Allan Poe que abren el capítulo. Los de la carta a su madre, por lo que advertí, mejor que no.

Fred Hoyle, se opuso a algo que era cada vez más incontrovertible: el universo se generó espontáneamente en un vacío absoluto. Para ridiculizar la idea, Hoyle bautizó ese origen como Big Bang, y nada está más lejos de la realidad que esa chanza, porque una explosión tiene unas características muy distintas a aquella aparición de energía en forma de radiación. Entre otras razones, porque una explosión necesita un espacio y aquel vacío absoluto en que ocurrió era cualquier cosa menos un espacio: este se generó a la vez que la energía. Y el tiempo también. Resumen: antes del Big Bang no había ni espacio ni tiempo, por lo que la palabra «antes» en este contexto no tiene sentido. Se suele decir que es lo mismo que preguntarse qué hay al norte del Polo Norte una vez definido este.

¿Es el Big Bang una quimera? Desde los años 1970, sucede en los laboratorios de partículas lo que se llaman fluctuaciones del vacío. No es que se creen universos en el laboratorio, sino que el fenómeno de generación espontánea de energía es cotidiano y se entiende perfectamente.

Es solo cuestión de tamaño y proporción, pero no de imposibilidad física. En lo único que se parece el Big Bang a una explosión es que aún recibimos el «eco del traquido», o, dicho con más rigor, la radiación de fondo de microondas.

Al surgir, la temperatura del universo primigenio era tremenda, $10^{27}$ grados, y su tamaño minúsculo, pero se enfrió por la expansión y, por mucho tiempo que haya pasado desde el acontecimiento —unos 13.820 millones de nuestros años— algo quedará de aquel «calor» primigenio. Efectivamente, el universo está en la actualidad a 2,7 grados kelvin, unos 270 centígrados bajo cero. ¡Pero no cero!

Muy poco, poquísimo después del Big Bang[11], el universo se expandió de manera exponencial durante la inflación cósmica. A los pocos minutos ya había alcanzado un tamaño parecido al actual, aunque con una estructura todavía muy diferente. Una pequeñísima parte de la luz, a razón de unos cuatro mil millones de fotones a uno, se convirtió en materia en forma de quarks y leptones. Un ejemplo de estos últimos es el familiar electrón. Los quarks se agruparon inmediatamente (una millonésima de segundo después) en conjuntos de tres y dos, dando los primeros componentes de los futuros núcleos atómicos, los protones y neutrones, y los demás tríos y parejas, una infinidad de partículas más, pero la mayoría muy inestables porque su vida media era (y es, si las generamos en el laboratorio) cortísima.

Así pues, el universo era una especie de gas formado por fotones y esas pocas partículas. Y sus antipartículas, pero esa es otra historia, triste quizás para ellas, pero afortunada para nosotros, porque existimos gracias a que estas últimas prácticamente se aniquilaron.

Unos 400 mil años después del Big Bang[12] ocurrió algo fantástico: los protones y neutrones, que ya formaban núcleos ligeros, lograron finalmente capturar electrones para formar átomos completos. La materia se desacopló de la luz: se dice que el universo se hizo transparente. Estaba aún a una temperatura cercana a los 3.000 grados.

En aquel escenario que se expandía tan raudamente era muy improbable que los protones y neutrones (sus primos sin carga eléctrica) se encontraran entre sí para unirse y formar núcleos complejos. Aquel universo primitivo no daba para más que aglutinar elementos estables muy ligeros: el protón aislado o como núcleo de hidrógeno, deuterio (un protón y un neutrón), helio (dos protones y un neutrón e incluso de la partícula alfa o helio 4, de dos protones y dos neutrones, de la que hablaremos largo y tendido) y, como mucho, algo de litio (tres protones y tres o cuatro neutrones). Y sanseacabó.

¿Y el carbono? Ni uno. Los elementos más pesados que esos primigenios se formaron en las galaxias, es decir, en el interior de las estrellas.

Lo que sigue es una curiosidad en la historia de la cosmología: se conocen muchísimos más detalles de lo que ocurrió en los primeros instantes del universo, que de la formación de las propias galaxias[13]. A ese intervalo de tiempo se le suele llamar la Edad Oscura[14], tiempo que transcurrió desde los mencionados 400.000 años después del Big Bang hasta la formación de las galaxias y las estrellas que las forman.

No tenemos ni idea de lo que pasó en esa Edad Oscura. Bueno, ideas muchas; certezas, ninguna.

## LAS FÁBRICAS DEL CARBONO

La fuerza a gran escala que se fue imponiendo fue la gravedad. La materia primigenia se fue agrupando en islas con su propia dinámica. Hay que tener en cuenta que al expandirse el universo no lo hace a modo de explosión sino con movimientos provocados siempre por la fuerza de la gravedad a pesar de que el conjunto esté inflándose. Las colisiones entre galaxias son frecuentes. No provocan tremendos cataclismos como se podría suponer, sino que cambian parsimoniosamente de forma a lo largo de miles de millones de años. Sería muy raro que dos estrellas de esas galaxias chocaran entre sí. Los diez años luz que las separan en promedio es una distancia muy grande. Lo curioso es que ese fenómeno de choques galácticos, más bien encuentros, por lo dicho sobre la suavidad con que se interpenetran, se observa por doquier dando lugar a lo que se llama galaxias irregulares. Las regulares tienen muy pocas formas: espirales normales como nuestra Vía Láctea, espirales barradas con solo un par de brazos, elípticas (en rigor, elipsoidales), y poco más aparte de esas irregulares. Nuestro universo, según a la escala a la que se mire, es sencillo, homogéneo y sutil.

Dentro de cada galaxia, la materia, hecha sobre todo de hidrógeno y helio, fue «condensándose», siempre regida por la gravedad, en nubes aisladas.

Ese encogimiento seguido a su vez por un giro cada vez más endiablado, aumentó la temperatura hasta el extremo de que las barreras eléctricas repulsivas entre los protones se superaron y se desencadenaron las reacciones de fusión regidas por la fuerza nuclear. Las estrellas nacieron. Y con ellas, las fábricas de carbono.

¿Por qué la noche es oscura y no tan brillante como el día, considerando la infinidad de estrellas que emiten luz? Esta pregunta del escritor Edgar Allan Poe es tan compleja que durante muchos años se llamó paradoja de Olbers. Hoy día la respuesta es clara: parte de la luz es absorbida por el medio interestelar (incluso el intergaláctico[15]), pero, sobre todo, se debe a que el universo continúa expandiéndose. La luz tiene una velocidad escalofriante para nosotros, pero bastante modesta a escala cósmica. Aún no nos ha llegado la luz emitida por infinidad de estrellas de galaxias no muy lejanas que además están alejándose. Por todo ello la noche es oscura.

Ahora bien, para aumentar el desconcierto, hay que decir que lo que vemos de las galaxias no es ni el cinco por ciento de lo que hay en ellas. La materia que contienen y que seguramente también las envuelve —y lo sabemos sin duda porque si no se incumplirían leyes básicas de la física— ni la vemos ni sabemos cuál puede ser su naturaleza. Al ser descubierta se le llamó materia oscura. El nombre no es muy afortunado. Más apropiado sería llamarla materia invisible o transparente.

Puede ser un halo más o menos esférico y sutil de livianísimas partículas que envuelve a las galaxias hasta gran distancia de sus centros. También pueden ser cadáveres o abortos de estrellas: enanas blancas (las de interior diamantino), tan viejas que ya ni se ven —improbable, porque su enfriamiento es lentísimo—, o planetas errantes que pudieron ser estrellas pero que nunca alcanzaron la masa suficiente para «encender» las reacciones termonucleares, lo que se conoce como enanas marrones. El color marrón no pertenece al espectro de radiación y, como no sabemos cuál puede ser el de esos tristes planetas vagabundos no ligados a ninguna estrella, se ha elegido ése. Como también

me parece inapropiado, me gusta llamarles enanas more-
nas. Es mucho más bonito, ¿no es cierto?

Queda un último asunto para rematar este pandemonio.
¿Este universo es único? Resulta que cada vez hay más ar-
gumentos teóricos fundados de que no solo no tiene por
qué ser único, sino que puede formar parte modesta de un
multiverso que bien puede ser infinito.

Pensemos, para no afligirnos, que el cuerpo humano tiene unos 40 billones de células. Somos 8 mil millones de
habitantes en la actualidad. El número de células total
agrupadas en cuerpos humanos es parecido al número de
estrellas agrupadas en galaxias.

Y en cada una de esas células, miles de millones de átomos de carbono trabajan incansablemente para mantener
la vida. El carbono que forma nuestros cuerpos se forjó en
el interior de estrellas que murieron hace miles de millones
de años, liberando al cosmos los elementos que nos permiten existir.

Si somos polvo de estrellas, somos polvo que ha adquirido consciencia de sí mismo. Y el carbono es el hilo con-
ductor que conecta el Big Bang con nuestros pensamientos,
las estrellas moribundas con la vida floreciente, el cosmos
infinito con la intimidad de cada célula.

En el próximo capítulo veremos cómo las estrellas fabri-
can el carbono, ese milagroso sexto elemento que hace posible que el universo se contemple a sí mismo a través de
nuestros ojos.

# 14
# VIDA, AGONÍA Y MUERTE
# DE LAS ESTRELLAS

A vosotras, estrellas,
alza el vuelo mi pluma temerosa,
del piélago de luz ricas centellas;
lumbres que enciende triste y dolorosa
a las exequias del difunto día,
güérfana de su luz, la noche fría;
ejército de oro,
que por campañas de zafir marchando,
guardáis el trono del eterno coro
con diversas escuadras militando;
Argos divino de cristal y fuego,
por cuyos ojos vela el mundo ciego;
señas esclarecidas
que, con llama parlera y elocuente,
por el mudo silencio repartidas,
a la sombra servís de voz ardiente;
pompa que da la noche a sus vestidos,
letras de luz, misterios encendidos;
de la tiniebla triste
preciosas joyas, y del sueño helado
galas, que en competencia del sol viste;

espías del amante recatado,
fuentes de luz para animar el suelo,
flores lucientes del jardín del cielo,
vosotras, de la luna
familia relumbrante, ninfas claras,
cuyos pasos arrastran la Fortuna,
con cuyos movimientos muda caras,
árbitros de la paz y de la guerra,
que, en ausencia del sol, regís la tierra;
vosotras, de la suerte
dispensadoras, luces tutelares
que dais la vida, que acercáis la muerte,
mudando de semblante, de lugares;
llamas, que habláis con doctos movimientos,
cuyos trémulos rayos son acentos;
vosotras, que, enojadas,
a la sed de los surcos y sembrados
la bebida negáis, o ya abrasadas
dais en ceniza el pasto a los ganados,
y si miráis benignas y clementes,
el cielo es labrador para las gentes;
vosotras, cuyas leyes
guarda observante el tiempo en toda parte,
amenazas de príncipes y reyes,
si os aborta Saturno, Jove o Marte;
ya fijas vais, o ya llevéis delante
por lúbricos caminos greña errante,
si amasteis en la vida
y ya en el firmamento estáis clavadas,
pues la pena de amor nunca se olvida,
y aun suspiráis en signos transformadas,
con Amarilis, ninfa la más bella,
estrellas, ordenad que tenga estrella.

Si entre vosotras una
miró sobre su parto y nacimiento
y della se encargó desde la cuna,
dispensando su acción, su movimiento,
pedidla, estrellas, a cualquier que sea,
que la incline siquiera a que me vea.
    Yo, en tanto, desatado
en humo, rico aliento de Pancaya,
haré que, peregrino y abrasado,
en busca vuestra por los aires vaya;
recataré del sol la lira mía
y empezaré a cantar muriendo el día.
    Las tenebrosas aves,
que el silencio embaraza con gemido,
volando torpes y cantando graves,
más agüeros que tonos al oído,
para adular mis ansias y mis penas,
ya mis musas serán, ya mis sirenas.

«Himno a las estrellas»,
FRANCISCO DE QUEVEDO

En este capítulo vamos a tratar de entender bien el origen de los átomos de que estamos hechos y sus causas, así como el papel del carbono en todo ello. Tenemos, obligatoriamente, que escrutar el cielo y sus habitantes más esplendorosos: las estrellas.

Hay dos elementos decisivos en la vida de las estrellas y la síntesis de los núcleos que serán el corazón de los átomos de la naturaleza, proceso que, obviamente, conocemos como nucleosíntesis.

## LOS FACTORES CLAVE DE LA NUCLEOSÍNTESIS

### La masa estelar

El primer elemento es la masa que tuvo el astro al nacer. Se mide en masas solares o $M_\odot$. Dos umbrales de masa resultan relevantes: estrellas recién nacidas de 1,4 $M_\odot$ o más (que pueden convertirse en enanas blancas) y estrellas masivas por encima de 8 $M_\odot$ (que pueden alcanzar varias decenas de masas solares). Estas son gigantes y las de menos de 1,4 $M_\odot$ enanas.

No hay que asombrarse, porque piénsese que una de esas estrellas de masa ocho veces la del Sol tiene un diámetro de solo el doble que este.

## La conversión de protones y neutrones

El segundo elemento y fenómeno decisivo en la nucleosíntesis es la conversión de protones en neutrones y viceversa, que ya hemos mencionado anteriormente de pasada. Se representan así:

$$n \to p + e^- + \bar{\nu}$$

$$p \to n + e^+ + \nu$$

La $n$ y la $p$ significan lo obvio: neutrón (carga eléctrica neutra) y protón (carga eléctrica positiva). La $e$ denota electrón, que puede ser de carga negativa $e^-$ (el familiar) o positiva $e^+$, el cual se llama positrón o antipartícula del electrón (más raro, pero con buena presencia, por ejemplo, en los servicios de medicina nuclear de los hospitales). Los más interesantes son los neutrinos $\nu$ que, con rayita encima, son antineutrinos.

## La importancia de los isótopos

Abordemos ahora un aspecto fundamental, que se entenderá perfectamente a primera vista, aunque es uno de los problemas más complejos de la física nuclear.

Ya sabemos que el número de protones de un núcleo es el que le da nombre al átomo. Se le llama $Z^{16}$. El número de neutrones puede cambiar para un mismo elemento (se les llama isótopos, de *iso* (igual) y *topo* (lugar), en la tabla de Mendeléiev). Es impresionante lo que ese número, que se denomina N, puede cambiar la estabilidad y otras muchas propiedades de un isótopo a otro.

Veamos.

El $^{12}$C (el superíndice es la suma Z+N, en este caso 6+6: seis protones y seis neutrones) y el $^{13}$C son estables: durarán lo mismo que el universo desde que se formaron.

El $^{14}$C, tiene una vida media de unos 5.700 años.

El $^{11}$C y el $^{15}$C tienen una vida efímera: unos veinte minutos el primero y dos segundos y medio el otro.

El número de neutrones le da una riqueza inaudita al centenar largo de elementos o átomos que intuyeron Leucipo, Demócrito y el gran Lucrecio.

## LA SERPIENTE OUROBOROS

El gran físico estadounidense Sheldon Lee Glashow —buena persona y amigo mío; hay quien dice que fue el que le dio nombre al personaje principal de la serie televisiva *The*

*Big Bang Theory*, Sheldon Cooper— hizo una analogía de este continuo deambular de lo más ínfimo a lo casi infinito. Adoptó como metáfora a Ouroboros, la serpiente sánscrita que se muerde la cola. Vayamos en esta ocasión de la boca a la cola. Ya haremos el recorrido inverso.

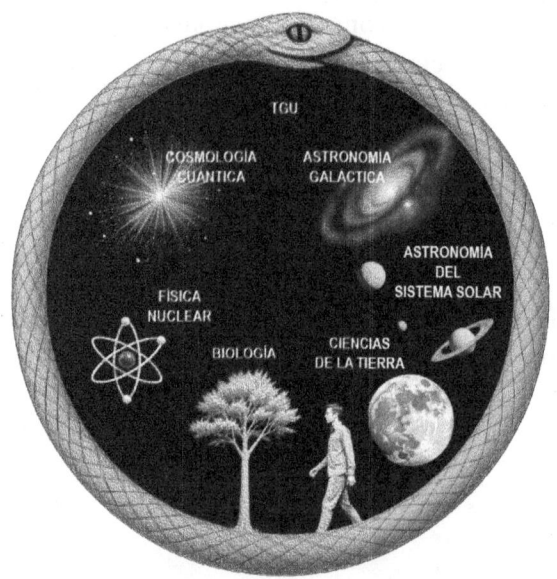

**Figura 13.** Adaptación de la serpiente de Glashow.
TGU significa «Teoría de Gran Unificación».

En el ciclo vital de las estrellas seremos optimistas: empezaremos por la vida, luego, inevitablemente, seguiremos con la agonía y la muerte, pero, finalmente, nos ilusionaremos con el renacer.

## VIDA: EL EQUILIBRIO ESTELAR

Escrutemos detenidamente el cielo nocturno una noche clara, fría y lejos de toda contaminación lumínica. El espectáculo es de una belleza tan sobrecogedora que invita a la contemplación más pausada y reflexiva. Lo que vemos son estrellas de nuestro entorno en la Vía Láctea. La única otra galaxia que se distingue a simple vista, o poco ayudados ópticamente, será Andrómeda y se nos presenta como una estrella más. Imaginamos que la diferencia de brillo se debe a la distancia que nos separa de cada una de ellas, pero la idea no es del todo correcta. El tamaño y la edad pueden influir más decisivamente en esas diferencias.

### El diagrama de Hertzsprung-Russell

Poco a poco y conforme fueron aumentando la calidad y el tamaño de los telescopios, las estrellas se fueron clasificando bajo muchos criterios. Entre todas las propuestas, una prosperó hasta tal punto que se considera la mejor para representar las estrellas. Su nombre es tremendo por el apellido de uno de sus autores: se denomina Diagrama de Hertzsprung-Russell. Lo que representa este diagrama es justamente la edad, es decir, de algún modo, la vida de las estrellas.

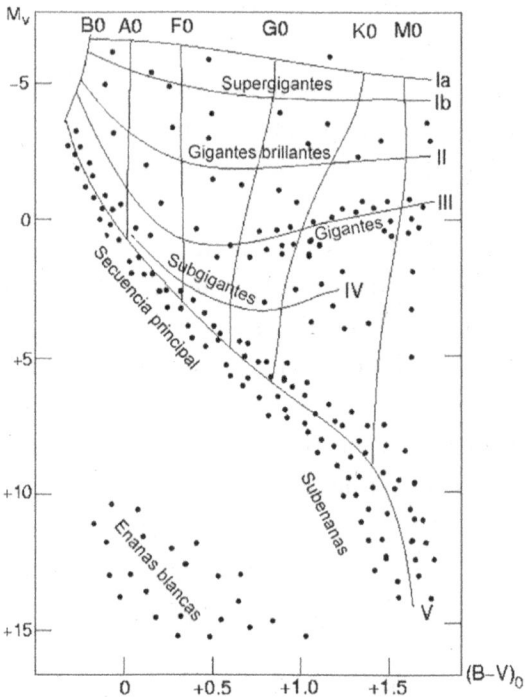

**Figura 14.** Diagrama de Hertzsprung-Russell.

Para trazar tal diagrama, en el eje vertical colocamos la luminosidad de cada estrella y se toma como referencia el Sol: luminosidad $= 1$. En el eje horizontal, ponemos la temperatura superficial, el color, la clase espectral, etc.

Lo primero que llama la atención de tal diagrama es que la inmensa mayoría de las estrellas se sitúan en una especie de diagonal. Nuestro Sol está en el centro, más o menos, de esa llamada Secuencia Principal. Allí permanece la estrella mucho tiempo porque tiene una larga vida por delante.

## La fusión del hidrógeno

Lo más característico de una estrella es la ingente cantidad de energía que libera. Lo hace por la fusión termonuclear, principalmente del núcleo más sencillo del universo y, por ello, el más abundante: el del hidrógeno, un simple protón. Veamos el proceso con más detalle.

Primero, recordemos que los protones son partículas cargadas eléctricamente. Su carga es positiva, y ya sabemos que las cargas del mismo signo se repelen tan intensamente como se atraen las de signo opuesto.

Las cuatro fuerzas de la naturaleza son muy diferentes entre sí. Dos de ellas parecen hermanas: la nuclear fuerte y la nuclear débil. Las otras dos son la reina del universo, la gravedad, y la reina de la tecnología actual, la electromagnética. La más débil es la gravedad, si bien desempeña el papel más importante rigiéndolo todo en su conjunto.

Las dos fuerzas reinas difieren en que la gravedad siempre es atractiva mientras que la electromagnética depende del signo de las cargas. Al mismo tiempo, se parecen en que ambas tienen un alcance infinito o, dicho más acertadamente, decrecen suavemente con la distancia hasta hacerse cero.

Por su parte, los efectos de las fuerzas nucleares no van más allá del límite físico de las partículas o de los sistemas que las generan. La nuclear débil es la que rige las transformaciones de protones en neutrones y viceversa. La nuclear fuerte es la que, en plan $E=mc^2$, está detrás de las bombas atómicas, las centrales nucleares y ¡albricias! de la energía de las estrellas, aunque en estas la débil también juega un papel importante. Detengámonos pues en este asunto, que es adonde viene a parar toda la explicación anterior.

Para que dos protones se fundan entre ellos se han de

acercar hasta rozarse. Para ello han de superar la repulsión eléctrica por ser ambos del mismo signo. ¿Cómo se puede vencer esa repulsión? Si se sitúan en un medio que esté a una temperatura tan grande que enloquezcan. Estamos hablando de millones de grados. Otra posibilidad —no hay ninguna otra— es utilizar aceleradores de partículas. Se lanzan unos protones contra otros a una energía superior a su repulsión. Los protones alcanzan velocidades tales que es inevitable que choquen entre sí. En ambos casos es cuando se libera la energía de fusión termonuclear que da vida a las estrellas.

En las estrellas se funde el hidrógeno (su núcleo: los protones) de varias maneras, formando tres ciclos, pero el más importante es el siguiente:

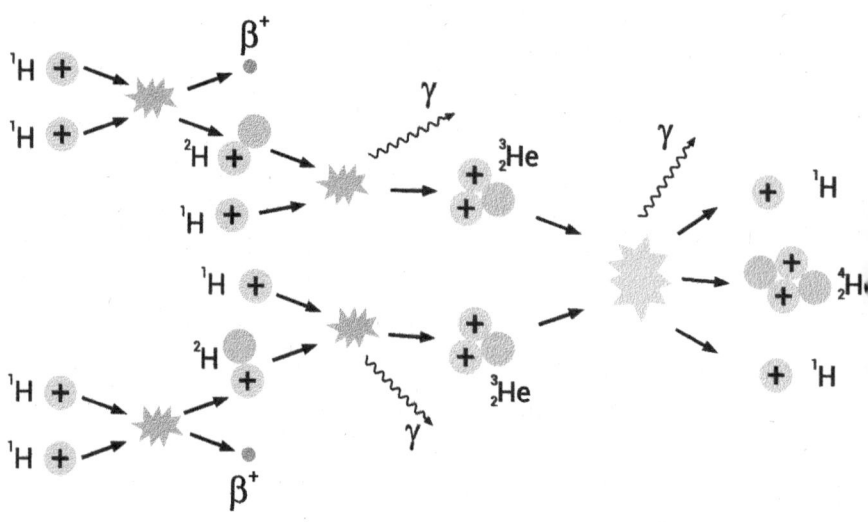

**Figura 15.** Fusión nuclear. La cadena protón-protón.

Dos protones se funden y, tras varios pasos, en cada cual se libera energía. Acaban en la famosa partícula alfa o helio

4, que ya veremos lo importante que es en la vida de las estrellas y la nuestra propia. En cada fase también se libera radiación (rayos gamma), y los mencionados positrones y neutrinos.

Conectemos ahora la cola de la serpiente de Shelly (así es como Sheldon Glashow quiere que le llamemos los familiares y amigos) con la cabeza: vayamos del átomo a las estrellas.

Una estrella está en un equilibrio delicado pero muy estable durante miles de millones de años. La gravedad atrae su enorme masa hacia el centro; las reacciones termonucleares de fusión contrarrestan esa atracción con tendencia a expulsar toda la materia estelar hacia el vacío sideral; la radiación que emite entra en equilibrio con las otras dos y la estrella brilla durante toda su vida.

Puede ocurrir, y de hecho es frecuente, que haya pequeños desequilibrios. Todos hemos oído hablar de fulguraciones, eyecciones de materia y cataclismos diversos en la ardiente superficie solar. La estrella puede contraerse por esa pérdida de energía compensada por el aumento de la gravitatoria. Pero cuando un sistema se contrae, aumenta su temperatura. Las reacciones nucleares se avivan, la estrella se expande de nuevo, se enfría, dichas reacciones se calman y el equilibrio se restablece sin más.

Así, la inmensa mayoría de las estrellas viven varios miles de millones de años o eones. Recuérdese que el Sol, en mitad de su vida, tiene una edad de unos 4,6 eones y le quedan otros tantos para entrar en su fase agónica.

## AGONÍA: EL CAMINO HACIA LAS GIGANTES ROJAS

Cuando a una estrella normalita de la Secuencia Principal se le agota el hidrógeno necesario para mantener el equilibrio, se «apaga» e inicia su camino hacia abajo y hacia la derecha en el diagrama de Hertzsprung-Russell. Significa esto que la gravedad vence y toda la estrella se derrumba hacia el centro.

### El flash de Helio

De nuevo: una contracción implica aumento de temperatura. El hidrógeno consumido durante la radiante vida de la estrella no ha sido todo, así que subsiste casi un 73% del que había. El desplome hacia el centro hace subir la temperatura a tal extremo que ese hidrógeno que queda se «enciende» de nuevo.

La capa de hidrógeno que se ha formado bastante cerca del núcleo provoca que toda la materia que ha quedado por encima de ella se vea expulsada. Cuando la materia exterior se expande, se enfría y se torna rojiza. Estamos ante una estrella gigante roja, o incluso supergigante.

Así morirá nuestro Sol y, por tanto, nuestro destino es quedar engullidos por esa materia roja, tenue y ardiente que llegará hasta Júpiter.

En la recreación gráfica siguiente vemos al Sol en comparación a cómo acabará en sus primeros estadios de estrella gigante roja. La UA o Unidad Astronómica es la distancia Tierra-Sol. El tamaño máximo de la gigante roja será de 5 UA, o sea, el tamaño aproximado de la órbita de Júpiter. En superficie de una esfera interior del tamaño de la órbita terrestre se forma una capa donde se reinicia la fusión del hidrógeno restante tras el colapso del Sol.

No hay que preocuparse, porque tal desgracia no nos pillará pronto.

Paciencia, estamos llegando a donde encaja toda esta historia en el libro. En el interior de la capa de hidrógeno que ha vuelto a encenderse, la temperatura va creciendo hasta que se inicia la fusión del helio. Al momento de desencadenarse la fusión del helio se le llama Flash de Helio.

Este, recordemos, lo forman dos protones y dos neutrones. Necesitan mucha temperatura para fundirse, que proporciona esa capa ardiente. Por lo demás, no es muy apropiado el nombre de Flash, porque semejante estallido no es visible: la inmensidad de la envoltura roja absorbe toda la luminosidad de ese restallido.

## El nacimiento del carbono

Como se ha dicho, el helio que «arde» lo forman dos protones y dos neutrones. La fusión nuclear que supone esa «combustión» lleva, lógicamente, a un núcleo de cuatro protones y cuatro neutrones: berilio.

¿Qué pasa si a un berilio de estos se le une otro núcleo de helio? Que se genera un nuevo núcleo de seis protones y seis neutrones. Exacto: carbono.

Si una noche miramos la bella constelación de Orión, escrutemos la estrella del hombro derecho del arquero y veremos que es un poco rojiza. Se llama Betelgeuse. Es una supergigante roja donde se está sintetizando carbono[17].

## El Principio de Exclusión de Pauli

Seguimos atendiendo a la agonía de una pobre estrella, que todavía puede pasar por muchos avatares.

La gigante roja, en cuyo interior se cuece el carbono, no va a tener temperatura suficiente para fundirse nuclearmente y el apagón puede ser definitivo. Este es el destino de la inmensa mayoría de las estrellas de una galaxia. La nube roja externa se ha esparcido tanto que se ha tornado invisible. La gravedad triunfa por haber quedado exhausto su oponente. Pero el derrumbe de la materia del interior de carbono y una parte de oxígeno se detiene súbitamente. Se alcanza un nuevo equilibrio fascinante porque interviene el Principio de Exclusión de Pauli.

La estrella ha encogido enormemente, pero su masa sigue siendo una fracción muy significativa de la que tenía en plena juventud. Al fin y al cabo, lo que se ha expulsado hacia fuera, dándole el aspecto rojizo y gigantesco, ha sido bastante tenue. Tenemos así el cadáver de una estrella del tamaño de un planeta. Además de mantener todavía una altísima temperatura, tiene una densidad extraordinaria, que puede llegar a la tonelada por centímetro cúbico. Ha pasado a ser una enana blanca; un fósil estelar cuyo interior, recuérdese, puede acabar como un descomunal diamante.

Regresemos a la cola de la serpiente Ouroboros. Las partículas elementales se dividen en dos grupos irreconciliables: fermiones y bosones. Los componentes del átomo —protones, neutrones y electrones— son todos fermiones. Los fotones, luz concebida como lluvia de esas partículas, son bosones. Se distinguen por la masa y pocas propiedades más. Los fermiones han de cumplir un principio fundamental del que escapan los bosones. El Principio de Pauli.

Este principio es muy fácil entenderlo por grandiosas que sean sus consecuencias. Y no exagero al engrandecerlo tanto, porque todo lo que existe está aquí gracias a su cumplimiento.

Vamos a emplear un ejemplo para entender este principio. En un teatro o cine esperamos que cada cual se acomode en su asiento. No que se apretujen dos en un sillón. Si hay lleno completo, habrá tantos espectadores como asientos. Digamos, porque nos conviene, que los palcos se han quedado vacíos porque el director del teatro no estaba seguro de si habría demanda, pero el éxito de la función se anuncia tan grande que decide dar paso al público ansioso que espera ante las taquillas. La regla sigue en pie: un espectador por asiento y cada cual en el suyo.

Vayamos ahora al átomo. El núcleo repleto de neutrones y protones apretujados y envuelto de unas sutiles nubes de electrones dibujadas por sus probabilidades de presencia. Todos ellos son fermiones que han de cumplir las reglas del teatro. Cada uno en su asiento.

Cámbiese la palabra asiento por estado energético, entendido como propiedades de su movimiento, y la regla del teatro a escala atómica se llamará Principio de Pauli.

¿Por qué es tan importante? Porque si los fermiones fueran tan inmunes a él como los bosones, los átomos habrían colapsado nada más crearse tras el Big Bang.

Colapso significa que todos los electrones se habrían precipitado hacia el núcleo y ahí se habría acabado la historia. Pero los electrones no pueden ocupar el mismo estado energético; los que están en capas superiores de esa «atmósfera» que envuelve al núcleo no pueden «caer» a las inferiores porque están ocupadas.

Podría darse el caso de los palcos, es decir posibles estados energéticos superiores que pueden ocupar electrones venidos de fuera. Entonces hablamos de química, o sea, de agrupaciones de átomos al fundirse sus nubes. También de luz, porque si algún espectador del patio se va, un espabilado de las balconadas puede bajar y ocupar su sitio: un electrón de capas superiores puede ocupar el estado energético que se ha dejado vacante. La diferencia de energía entre el estado superior y el inferior se equilibra con la emisión de luz, porque otro principio inviolable es el de la conservación de la energía. Los átomos de los que está hecho el mundo pueden existir y ser estables gracias al cumplimiento del Principio de Pauli.

## La degeneración de una estrella

Para entender del todo los estertores agónicos de esta estrella que estamos observando hemos de explicar un nuevo concepto físico básico. Prometo que no quedan muchos más.

Esas fases finales son convulsivas, porque el derrumbamiento o colapso de la estrella puede detenerse y alcanzar nuevos estados de equilibrio. La palabra clave es fea e inapropiada, pero es la que se utilizó para denominar el proceso: degeneración.

Un gas, o materia en cualquier estado, disminuye su volumen al aumentar la presión (aire en el bombín de la bicicleta). Y al aumentar la temperatura aumenta la presión (olla exprés). Ahora bien, esto sucede si esas magnitudes son las normales y el gas está en modelo ideal. Cuando se hacen extremas, el gas pasa a ser degenerado.

Al aumentar la temperatura o la presión de un gas ideal, los átomos de sus moléculas permanecen indiferentes. Pero esto cambia drásticamente cuando se llega a unos extremos tan elevados como ocurre en los interiores estelares.

El calor hace que los átomos se esfumen al despojarse los núcleos de sus nubes electrónicas. Los electrones vagan enloquecidos entre los núcleos formando un nuevo estado de la materia llamado plasma. La presión empieza a ser decisiva al disminuir las distancias medias que los separan. El gas ha alcanzado el estado de degenerado.

Sin embargo, el sagrado Principio de Pauli se sigue cumpliendo incluso en esas circunstancias. Las aglomeraciones de electrones, por mucho que se contraigan, no pueden ocupar el estado de los demás. Esta imposibilidad hace que la débil, pero omnipotente, fuerza de la gravedad se vea contrarrestada por la degeneración que exige el Principio de Pauli.

¿Por qué los físicos les llamamos degenerados a esos electrones si son los entes que, siendo sometidos a las presiones más intensas y las temperaturas más infernales, continúan pertinazmente cumpliendo las leyes? Por la conservadora razón de no cumplir las leyes tradicionales de los gases ideales. Por eso nuestro Sol no acabará extinguiéndose del todo, sino que se estabilizará como enana blanca: los electrones degenerados han frenado a la gravedad evitando el colapso total.

## MILAGRO: EL PROCESO TRIPLE ALFA

En el corazón de las estrellas moribundas en su fase de gigante roja se dan las condiciones para la fusión de tres partículas alfa, que tiene como resultado la generación del carbono. La condición que lo hace posible es un «pasadizo» muy estrecho, por el que discurren procesos muy sorprendentes. Tratar de entender el «milagroso» proceso triple alfa equivale nada menos que observar con detalle el nacimiento del carbono y el oxígeno a los que les debemos la vida.

Y una parte no menor del milagro consiste en que es una carambola magistral. En este punto, entra un elemento solo mencionado brevemente y que tenemos que subir al escenario: el berilio.

## La predicción de Hoyle

El berilio (Be) es resultado de la fusión de dos alfas (núcleos de helio) y tiene una vida media de $10^{-16}$ segundos. Obviamente, ese $^8Be$ no existe en la naturaleza. Así pues, en el corazón de una gigante roja, en cuanto dos núcleos de helio se funden, se separan casi instantáneamente.

Ahora bien, en las condiciones físicas del interior de una estrella gigante roja, dos alfas podían fundirse dando $^8Be$ e, inmediatamente, casi simultáneamente, fundirse ese berilio con otra para dar carbono... pero en un estado excitado resonante.

Una resonancia, en el caso de las reacciones nucleares, se da cuando, de repente, a una cierta y precisa energía, los núcleos que van a chocar «aumentan» enormemente de tamaño y se dispara la probabilidad de su choque y sus consecuencias. En rigor, no crece el tamaño de los núcleos sino la superficie «útil» en torno a ellos que define la probabilidad de reacción.

Fue Fred Hoyle quien predijo que, si el carbono tuviera una energía de resonancia de 7,68 MeV, una alfa se podía unir al $^8Be$.

Para imaginar el proceso hagámonos la siguiente sucesión de imágenes.

En un medio con partículas alfa frenéticas a muchas energías distintas, chocan dos y, en un lapso brevísimo, alguna otra alfa que lleva una cierta energía «ve» a ese berilio, se une a la pareja y forman un trío muy original: un carbono excitado que ya no se rompe en tres partículas alfa, como casi todos los demás, sino que se mantienen unidas y se desexcitan emitiendo luz. Desexcitarse significa que sus nucleones —protones y neutrones, o sea, fermiones— «caen» a los estados energéticos más bajos que les permite el Principio de Pauli. La diferencia de energía entre aquel estado a 7,68 MeV y el de menor energía se emite en forma de dos fotones sucesivos e incluso de pares de electrones y positrones que, a la postre, también terminan aportando luz. El carbono se ha formado y mantenido estable.

En época de Hoyle, principios de los años 1950, los físicos nucleares tenían bastante bien estudiado el núcleo del carbono y no constaba que tuviera una resonancia a siete y pico MeV. Hasta que lo encontró el equipo de William Fowler, que acabaría recibiendo el Premio Nobel de Física.

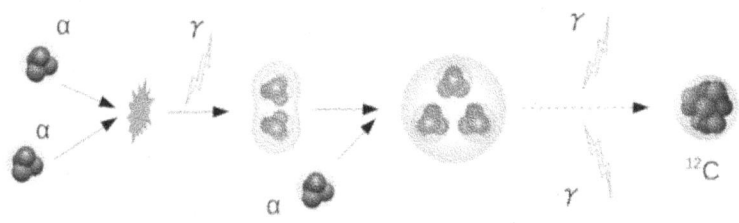

**Figura 16.** Estado de Hoyle.

## La supervivencia del carbono

El carbono que se va generando en el corazón de helio de la estrella se verá sometido a un bombardeo constante de partículas alfa. Si se fusiona un carbono (seis protones y seis neutrones) con un núcleo de helio, ambos dan un núcleo de oxígeno (ocho protones y ocho neutrones) emitiendo un fotón para equilibrar la energía de todo el proceso.

Lo lógico sería que el carbono desaparezca con el tiempo y que sea sustituido por oxígeno. Pero aquí intervienen otra vez las maravillas de la física nuclear. El carbono es el cuarto elemento más abundante del universo después del hidrógeno, el helio y el oxígeno. Hay dos átomos de carbono por cada tres de oxígeno. Y es que la fabricación de oxígeno es bastante tranquila, porque la probabilidad de fusión no es muy alta.

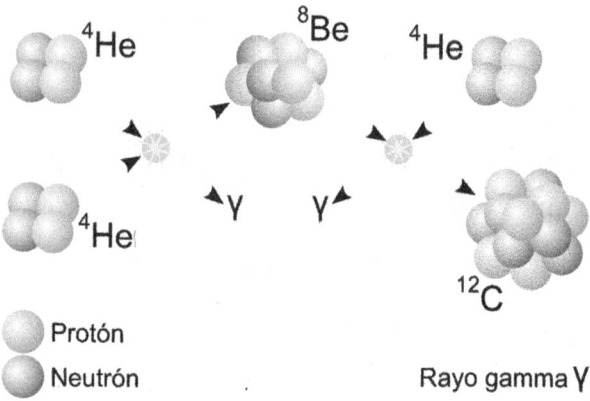

Figura 17. El proceso triple alfa, de generación de carbono.

El «pasadizo» que permite a las alfas unirse al berilio para dar carbono es mucho menos dificultoso que el que las alfas tendrían que afrontar para ir del carbono al oxígeno. En el corazón de las estrellas moribundas se dan las condiciones para crear la proporción de carbono y oxígeno necesaria para la vida. Este es verdaderamente un milagro cósmico.

El tamaño de nuestra estrella bien pudo ser tan modesto como el de nuestro Sol e iniciar su agonía emigrando en el diagrama Hertzsprung-Russell desde la Secuencia Principal hacia la parte inferior, dando lugar a la enana blanca que ya describimos. La gravedad triunfa, pero el derrumbe se detiene por el Principio de Pauli. Los electrones degenerados han frenado a la gravedad, evitando el colapso total.

## Las estrellas masivas

Si la masa inicial de la estrella es mucho mayor que la de nuestro Sol, su vida será mucho más esplendorosa pero también más efímera. En el interior de las gigantes, el oxígeno absorbe nuevas alfas dando neón. Este, tras su agotamiento, propicia un nuevo colapso y hace que la temperatura alcanzada después del encogimiento gravitatorio encienda las «cenizas» cada vez más pesadas. Así se van generando magnesio, silicio, azufre, etcétera.

Los núcleos son cada vez más pesados y la gravedad los va hundiendo selectivamente hacia el centro. La estrella va adquiriendo una estructura en capas parecida a una cebolla: los elementos más ligeros flotan sobre los más pesados.

## Supernova: el límite del hierro

Cuando se llega al níquel y al hierro, que son los elementos de núcleos más estables, la acumulación de alfas compite con la fotodesintegración. Los rayos gamma alcanzan energías suficientes para desintegrar los núcleos más pesados ya sintetizados. Entonces se produce el espectáculo probablemente más impresionante que se da en las galaxias: la muerte explosiva de una estrella de gran masa. Se trata de una Supernova tipo II.

Cada vez que las grandes estrellas de muchas masas solares agotan un «combustible» y se encogen aumentando su temperatura hasta lograr «encender» termonuclearmente las cenizas generadas, los rayos gamma disparados son cada vez más energéticos. Recordemos que son luz de una altísima energía y que andan por allí tan enardecidos como las alfas y todos los demás núcleos.

Estos rayos gamma son los que escapan hacia el exterior dando brillo a las estrellas y vida a nosotros. Ahora bien, hay que tener en cuenta que desde que una reacción nuclear origina un rayo gamma en el interior de una estrella como nuestro Sol hasta que escapa de él pasan cientos de miles de años.

Esos fotones tan energéticos y pertinaces, al alcanzar la energía suficiente para desintegrar al hierro, lo hacen, literalmente, estallar. Los núcleos de hierro alcanzados por los fotones se desintegran en 13 partículas alfas y cuatro neutrones. Los rayos también pueden destruir las alfas al lanzar disparados sus dos protones y dos neutrones. Y entonces se produce la explosión, la Supernova.

## El momento de la verdad: SN 1987A

La reacción de fotodesintegración del hierro tiene lugar en un interior estelar que está a unos 1.000 millones de grados de temperatura y a una presión que la lleva a una densidad de 10.000 toneladas por centímetro cúbico.

En ese extraordinariamente agresivo ambiente, la fotodesintegración resulta ser una reacción endotérmica: absorbe calor o, mejor, energía del medio. Eso tendría el mismo efecto que una presión negativa. O quizá se pueda entender como una descomunal succión. Como sea, destruye toda estructura; la estrella se derrumba hacia su centro. La gravedad, finalmente, ha triunfado una vez más. Ya veremos que puede que no definitivamente.

La presión y la temperatura crecen de nuevo ante el estertor final de la gran estrella. Y llegan a un extremo que favorece la conversión masiva de protones en neutrones. Esto conlleva la producción de neutrinos.

El colapso se detiene bruscamente, porque esos neutrones entran en el estado degenerado y plantan cara a la gravedad en una última y desesperada convulsión. Lo que ocurre es un rebote apocalíptico de la masa de la estrella pesada que caía hacia el centro: una onda de choque de unos 20.000 km/s al encontrarse una inmensa masa estelar con un muro degenerado tan poderoso como ella. Los neutrones tienen una masa casi dos mil veces mayor que la de los electrones degenerados protagonistas del colapso de las enanas blancas.

La explosión que tiene lugar esparce todo el contenido de la estrella por la galaxia en una inmensa nube rica en elementos pesados, al menos el hierro. El fenómeno es de los más luminosos que tienen lugar en el firmamento.

Este proceso encontró una confirmación extraordinaria la tarde y noche del 23 de febrero de 1987.

Los neutrinos son partículas fascinantes. No tienen carga eléctrica ni apenas masa. Y sin carga ni masa no son sensibles a la fuerza electromagnética ni a la gravitatoria. Solo intervienen en la fuerza nuclear débil. Por eso pueden atravesar un planeta sin alterarse en absoluto. De hecho, atraviesan nuestro cuerpo a cada instante por miles de millones, procedentes sobre todo del Sol, aunque también del cosmos.

Si pudiéramos detectar los neutrinos nos darían información muy valiosa de lo que ocurre ahí fuera, pero atraviesan nuestros instrumentos de detección igual que a nuestro cuerpo: sin interaccionar con ellos. O casi, porque el ingenio humano se ha apañado para construir detectores de neutrinos. Aun así, se detectan muy pocos a lo largo del año.

En la mañana y tarde del día señalado, en los pocos detectores de neutrinos que hay en el mundo se detectaron la friolera de diecinueve.

Si se observa la figura que esquematiza el proceso de las explosiones Supernova tipo II, en la fase de conversión de protones en neutrones se emiten neutrinos que salen de la estrella moribunda en oleadas. El modelo que se había elaborado para la explosión Supernova II predecía que esa fase invisible ocurría unas seis horas antes de la gran explosión de la estrella. La detección anormal de neutrinos indicaba que esa noche se vería una supernova. ¿Dónde? Ni idea, porque los neutrinos podían venir de cualquier parte, incluido el hemisferio opuesto del observatorio, puesto que atraviesan la Tierra sin inmutarse.

Los físicos alertaron a los astrónomos, que empezaron a escudriñar el cielo. En el observatorio europeo de Atacama, en Chile, un astrónomo alertó de una estrella nueva que había aparecido en una de las dos Nubes de Magallanes, galaxias vecinas a la nuestra.

Todos los telescopios apuntaron hacia allí y se encontraron con una luminosidad comparable a la de toda esa galaxia. Loor y gloria para los físicos de neutrinos y los que elaboraron el modelo de explosión Supernova tipo II.

## Supernovas tipo I: el romance estelar

Existe otra muerte espectacular: la Supernova tipo I, el acontecer probablemente más bello y romántico que tiene lugar en el firmamento.

En algún punto mencioné que las estrellas normalmente se rodean de una cohorte de planetas o bien forman sistemas dobles e incluso triples ligados gravitatoriamente. Las dos o tres socias no nacieron con la misma masa, por lo que normalmente siguen caminos diferentes en el diagrama de Hertzsprung-Russell. Como acontece con los hermanos, sus vidas suelen desarrollarse de manera diversa. Y se da el caso de que, cuando una estrella ya ha muerto y su cadáver es una enana blanca, la otra empieza a agonizar estando ya en la fase de gigante roja. La densa enana atrae la tenue pero abundante materia roja expulsada por el corazón de la gigante. Este acrecimiento continúa hasta el punto de que la enana revive, pero lo hace a lo grande: desatando una explosión tan superlativa que se le llama Supernova tipo I. No deja de ser poético, ¿no es cierto?

## Restos de estrellas

El remanente después de semejantes explosiones puede comportarse de varias maneras.

Por un lado, el «muro» de neutrones en que se ha convertido la esfera central que ha sobrevivido tiene el diámetro de una gran ciudad, con una masa que es una fracción notable de la de una estrella gigante. La densidad es estremecedora. Estamos ante lo que se llama una estrella de neutrones, aunque siga teniendo protones e incluso núcleos más complejos y pesados.

Este cadáver estelar gira en torno a sí mismo tan vertiginosamente que sus días duran varios segundos. Esto se debe al principio de conservación del momento angular, algo así como el efecto que sucede cuando una patinadora sobre hielo gira sobre uno de los patines con la otra pierna y los brazos extendidos. El grácil movimiento va perdiendo elegancia y adquiriendo velocidad conforme la pierna, los brazos e incluso todo el cuerpo van encogiéndose. Ya agachada cerca del suelo, la patinadora gira a una inusitada velocidad angular.

La luz de las estrellas de neutrones solo puede escapar por sus polos. Por eso se les llamó al principio púlsares, porque si los haces de luz opuestos se dirigen a nuestro telescopio lo que vemos es un destello intermitente. Por ese efecto, fueron conocidos como los faros del firmamento.

Y todavía puede producirse otro final para la gran estrella. Este se dará si la gravedad logra el triunfo definitivo y consigue destruir toda estructura de la estrella de neutrones. El colapso puede llegar a un extremo singular de tal compacidad que de ese resto de estrella no puede escapar ni la luz. Entonces se habrá llegado a configurar un siniestro e inquietante agujero negro.

Los restos de la estrella tras sus estertores agónicos se esparcen por el medio interestelar en forma de nubes cargadas de los elementos pesados generados en su interior a lo largo de su vida y durante su muerte explosiva.

La singularidad de estas nubes es que están enriquecidas con carbono, oxígeno y todos los demás elementos de la tabla periódica. De forma pausada, los elementos de la nube van llenando toda la tabla periódica[18].

Esa nube colapsará antes o después para formar una nueva estrella. Y esta nueva estrella, enriquecida con los elementos forjados por su predecesora, podrá formar planetas rocosos donde, quizás, florezca la vida.

Somos, literalmente, el resultado de este gran ciclo cósmico. El carbono de nuestros cuerpos se forjó en el corazón de estrellas moribundas que explotaron mucho antes de que naciera nuestro Sol. Venimos del interior de las estrellas.

# 15
# EL CICLO INFINITO

Pero no basta, no, no basta
la luz del sol, ni su cálido aliento.
 Una nube con peso,
nube cargada acaso de pensamiento estelar,
quizá envío celeste de universos lejanos
que un momento detiene su paso por el éter.

*No basta* (extracto),
VICENTE ALEIXANDRE

Mientras los pueblos del hemisferio norte usaban los puntos luminosos del cielo para orientarse, los del hemisferio sur lo hicieron prestando atención a los espacios oscuros de la Vía Láctea, entre los cuales se encuentra la nebulosa Saco de Carbón, ubicada a 600 años luz de la Tierra.

*Introducción al Poema Universal al Cosmos,*
Festival de Poesía y Ciencia del Estrecho
de Magallanes 2022,
ENDÉMICO (seudónimo)

En una galaxia como la nuestra el promedio de explosiones supernovas es de dos por siglo. Este ritmo puede parecer pausado, aunque bien podríamos presenciar alguna en nuestro entorno a lo largo de nuestras vidas, dado que cada supernova brilla con la intensidad de una galaxia completa. Además, su resplandor brilla en el cielo durante unos seis meses.

Ese ritmo es mucho más vivaz de lo que parece si pensamos en el transcurrir del tiempo cósmico o edad del universo: 13.820 millones de años. A veces lo comparo con los flashes de las cámaras de fotos en un estadio tras una proeza deportiva. Y no las vemos porque, por lo que dijo Edgar Allan Poe y formuló Olbers como paradoja, no es mucha la luz que nos llega del cosmos. Y, para colmo, nuestro sistema solar está en una periferia de la Vía Láctea, que por su forma de plato apenas podemos entrever más allá de un entorno bastante reducido.

A ese ritmo las explosiones supernova van enriqueciendo continuamente las galaxias de rico material, el cual se distribuye de una forma curiosa: mayor concentración de elementos pesados en el centro galáctico, disminuyendo hacia la periferia. Esto sorprendió bastante a la comunidad astrofísica, aunque con un modelo matemático relativamente sencillo —que escapa del nivel de este libro— se puede explicar el fenómeno.[19]

## LA MATERIA PRIMA

Vayamos al medio interestelar, el cual constituye entre el
10 y el 15 por ciento de la masa de la galaxia.
Los tres principales componentes del medio son:

- Gas caliente: a unos 1.000 grados y una densidad de
  apenas un átomo de hidrógeno por cada 100 metros
  cúbicos.
- Nubes difusas: entre 50 y 150 grados de temperatura
  y compuestas por entre 1 y 1.000 átomos de hidrógeno y algo de helio con trazas de algunos elementos
  más por cada centímetro cúbico.
- Nubes oscuras: las que más nos interesan aquí, pueden llegar a contener hasta un millón de átomos por
  centímetro cúbico e incluso moléculas de una gran
  variedad.

Para ponerlo todo en perspectiva, pensemos que en un centímetro cúbico de aire en condiciones normales hay unos
tres mil millones de moléculas.

### La nube oscura de Hoyle

Relajémonos de nuevo con nuestro querido gran astrónomo
a la vez que enardecido Fred Hoyle. Le dio por escribir una
novela de ciencia ficción muy ingeniosa que se publicó en
1957 y, aunque aceptada con críticas duras por parte de los
literatos, yo creo que tiene un buen estilo narrativo y bien
podría ser calificada de histórica dentro del género. Se titula
*The Black Cloud*, es decir, la nube casi más negra que oscura.
    Los astrónomos primero y luego el mundo entero, para
su desgracia, descubren una inmensa nube interestelar que

se les viene encima. Envuelve en gran parte al Sol, con las consecuencias que podemos imaginar: drásticos cambios climáticos, inhibición de la fotosíntesis —en consecuencia, desaparición de la vida vegetal— y otras catástrofes sin par causantes de la extinción de buena parte de la humanidad.

Los astrónomos ven en la actuación de la nube indicios de comportamiento más allá de lo normal en un fenómeno natural, porque parece que hace un daño calculado. O sea, que la nube es inteligente y llega con malas intenciones. Finalmente se convencen de que es un superorganismo mucho más evolucionado que nosotros. Pero los listos astrónomos consiguen comunicarse con ella y llegan a acuerdos. Lógicamente, la humanidad se salva y la nube sigue su errar galáctico tan campante, aunque, vaya por Dios, para ello los heroicos astrónomos han de pagar un precio. Y dejémoslo aquí para evitar más spoilers.

Bueno, un detalle más.

Ya dijimos que Hoyle estaba en contra del Big Bang y que bautizó así el modelo, ya teoría, como chanza. Él en lo que creía era en un universo estacionario sin principio ni fin. Y la nube, naturalmente, se lo confirma: lleva vagando por ahí toda la vida, es decir, un tiempo infinito, pero... ¿cómo se formó? A ver cómo se entendía eso.

Continuemos con las nubes oscuras de verdad.

## Las fuerzas en acción

El interior de la nube oscura no es un medio tan plácido como el de nuestras nubes atmosféricas. Sufren turbulencias internas que pueden ser bastante violentas. ¿Qué las origina y por qué lo sabemos? En primer lugar, el contenido de la nube está muy electrizado. Hay protones sueltos y átomos que han perdido electrones o han acogido más de la cuenta. Se dice que están ionizados —esto es, con carga global eléctrica positiva o negativa—. Eso también ocurre en nuestras nubes y a los rayos y truenos me remito. Las cargas eléctricas en movimiento generan campos magnéticos. Atracciones y repulsiones por doquier originan las mencionadas turbulencias interiores.

En segundo lugar, estas agitaciones agrupan la materia de la nube originando otras nubes internas más pequeñas. La gravedad empieza a hacerse notar y las nubecillas más grandes van atrayendo y absorbiendo a las más menudas. Poco a poco, se forma una nube esférica que será el centro del conglomerado. Ese será el punto de «condensación» hacia donde se irá concentrando toda la masa de la nube oscura.

El colapso o caída de toda la materia hacia el embrión de lo que será una estrella es un movimiento acelerado, como todos los que imprime la fuerza de la gravedad. Dura entre cientos de miles de años para las más grandes y cientos de millones para las más pequeñas. Conforme la materia se derrumba hacia el centro, ocurren algunos suaves enlentecimientos por mecanismos electromagnéticos.

En otro breve inciso, diré que sabemos todo esto gracias a los telescopios, pero sobre todo a instrumentos precisos que les acoplamos, como el que permite distinguir el efecto llamado Doppler, que no es otro que el efecto de las ambulancias. Cuando una onda se aleja de nosotros, la percibimos con una longitud de onda más larga que si viene hacia donde estamos. En la luz, el agudo sería el azulado hasta el ultravioleta y el grave el rojizo hasta el infrarrojo. Apuntamos a una nube y, si ya no está del todo oscura, podemos vislumbrar esos movimientos más o menos caóticos y cada vez más ordenados que tienen lugar en su interior.

El caso es que la presión y la temperatura van aumentando muy rápidamente. Juguemos de nuevo con las escalas. Imaginemos que una gran nube atmosférica, aislada de las demás en un bonito día de primavera, se encoja hasta concentrarse en el tamaño de una perla. Incluso de un grano de arena, parafraseando a William Blake. Como le pasaba a nuestra patinadora sobre hielo del capítulo anterior, conforme disminuye el tamaño de la nube, aumenta la velocidad de rotación. Pero la fuerza centrífuga tiende a empujarlo todo hacia fuera de la trayectoria. De la masa acumulada en la esfera central se empiezan a desgajar jirones de materia impulsados hacia afuera, formando un plano ecuatorial o plato.

El aumento continuo de presión y temperatura hace que las capas exteriores de la nube, que aún van cayendo lentamente, se frenen impelidas por la luz infrarroja que conlleva el tremendo calentamiento central. La esfera ya ardiente, que gira cada vez más rápidamente, se envuelve de una materia oscura que nos impedirá observar el acontecimiento que está punto de desencadenarse.

Hay una posibilidad, que depende de muy pocas variables —la masa inicial de la nube, la velocidad de giro y poco más—, de que la esfera central, en lugar de desprenderse de hilachos de masa —los futuros planetas—, pueda dividirse en dos o tres bolas de tamaños parecidos. Serán los sistemas binarios o terciarios de estrellas de los que ya hemos hablado.

## PARA CREAR SISTEMAS SOLARES

¿Sabe el lector que esto lo puede hacer en su casa si es cuidadoso?

El aceite de oliva flota en el agua y se hunde en alcohol. Tomemos el vaso más grande que tengamos en casa (un copón de gin-tonic preferiblemente, y ya veremos por qué). Y el más pequeño (de chupito). Este lo llenamos de aceite y lo colocamos en el fondo del grande de manera que permanezca lo más estable posible.

Con cuidado y muy poco a poco, para que se vayan mezclando los líquidos, vamos llenando el vaso grande de alcohol. El nivel superará pronto el tope del vasito de aceite. Continuamos echando agua (lo más apropiado es con una jeringuilla, esparciéndola lentamente para facilitar su disolución en alcohol) hasta que veamos, encantados, que la superficie del aceite del vasito se abomba.

Continuamos más despacio y llegará un punto en que habremos conseguido que la densidad de la disolución agua-alcohol sea exactamente la misma que la del aceite. Sumergida en medio de la copa, aparecerá una esfera perfecta de aceite.

En un alambre delgado insertamos un pequeño disco de cartón que quede lo más cerca posible del centro de la bola de aceite al atravesarlo. Si vamos despacio y con paciencia, lo podemos ajustar todo tras varios intentos.

El fondo de los copones suele converger en un punto en el que podemos apoyar la punta de la aguja, calculando bien, tras varios intentos, que el cartoncito quede en el centro de la gota de aceite. (Antes, naturalmente, hemos sacado el vaso de chupito). Y ahora viene lo bueno, aunque es algo más delicado.

Con la varilla entre las palmas de las manos, empeza-
mos a hacerla girar. Gracias al cartoncito, la bola de aceite
hará lo propio. Y entonces... ¡Tachán!

Empezarán a desprenderse hilos de aceite que, en muy
poco tiempo, acabarán agrupándose en gotitas de distinto
tamaño girando en torno a la gota central.

Hemos creado un sistema solar.

Hagamos el giro más brusco y podemos conseguir que
la gota se divida en dos o incluso tres gotas de porte parecido a la inicial.

Hemos creado un sistema binario o incluso terciario de
estrellas.

¿No es fascinante? La primera vez que leí instrucciones
parecidas a estas fue en una obra de 1936 que desde muy
jovencito consideré deliciosa[20].

---

## La protoestrella

Volvamos a la formación de una estrella de verdad. Lo que
tenemos hasta ahora es lo que se llama protoestrella. El
proceso puede detenerse en esta fase, porque la masa de
este embrión no llegue a ser suficiente como para alcanzar
la temperatura de ignición de las reacciones nucleares. Tendremos a la larga una estrella enana morena (marrón para
el resto de los humanos). Quedará vagando solitaria y, quizás, formando parte significativa de lo que dijimos que se
llama materia oscura.

Si la temperatura y la presión rebasan un límite establecido, el frenesí de los protones, ya desprendidos de sus electrones con los que formaban átomos de hidrógeno, supera
la repulsión entre ellos por la carga eléctrica positiva. Se
acercan tanto unos a otros que entran en el dominio que
alcanzan las fuerzas nucleares, en particular la fuerte.

En poco tiempo, las convulsiones generadas por el cataclismo nuclear se van calmando hasta que se llega al equilibrio que ya apuntamos: la radiación o luz emitida al exterior, acompañando a la obstinada energía gravitatoria, se ven contrarrestadas por la energía nuclear.

El equilibrio es inestable, pero, como vimos, se restablece muy delicada y continuamente: si se expande un poco por cualquier inestabilidad, se enfría; este enfriamiento calma las reacciones nucleares; la esfera se encoge por ganar la gravedad; las reacciones se avivan porque este encogimiento aumenta la temperatura de nuevo. Nuevo equilibrio.

Una inmensa nube oscura ha parido una estrella en su seno. Pero esa nueva estrella tiene en su vientre mucha más riqueza material que las progenitoras que la nutrieron. Los jirones que se desprendieron de ella formarán planetas, cuya aventura ya sabemos por dónde discurrirá, porque nosotros mismos somos un fruto de todo este acontecer galáctico.

Así se cierra el gran ciclo cósmico: las estrellas mueren en explosiones supernovas, esparciendo por el espacio los elementos que forjaron en sus entrañas. Estos elementos se incorporan a las nubes interestelares, que colapsan para formar nuevas estrellas, más ricas en elementos pesados que sus predecesoras. Y estas nuevas estrellas pueden formar sistemas planetarios donde, quizás, florezca la vida. El carbono que nos ha traído hasta aquí ahora ha completado este viaje por el universo durante miles de millones de años.

# 16
# EL NACIMIENTO DEL SOL

He inventado mundos nuevos.
   He soñado noches construidas con sustancias inefables.
   He fabricado astros radiantes, estrellas sutiles
en la proximidad de unos ojos entrecerrados.
   Nunca, sin embargo,
repetiré aquel primer día cuando nuestros padres
salieron con sus tribus de la húmeda selva
y miraron al oriente.
   Escucharon el rugido del jaguar.
   El canto de los pájaros.
   Y vieron levantarse un hombre cuya faz ardía.
   Un mancebo de faz resplandeciente,
cuyas miradas luminosas secaban los pantanos.
   Un joven alto y encendido cuyo rostro ardía.
   Cuya faz iluminaba el mundo.

*El nacimiento del Sol,*
PABLO ANTONIO CUADRA

Vamos a particularizar de manera resumida y detallando un poquito más algunos aspectos de lo dicho en el capítulo anterior refiriéndonos a nuestro Sol. Merece la pena insistir en un proceso tan bello y trascendental para nuestra existencia.

Este capítulo se apoya en dos disciplinas de nombres grandilocuentes, pero métodos precisos: la nucleocosmocronología —que data acontecimientos cósmicos mediante isótopos radiactivos— y la supercomputación —que simula procesos que originalmente tardaron millones de años—.

Cuando la nube que nos parió comenzó su colapso, en el breve plazo de 100 millones de años se desencadenaron las reacciones nucleares. Unos 1.000 millones de años después se puede considerar formado el sistema solar. ¿Qué ha pasado en la gestación y cuándo tuvo lugar el parto? ¿Cómo lo sabemos?

Ya dijimos que las leyes de la desintegración radiactiva son sencillas y muy precisas. Sabiendo la vida media de un isótopo, a la vista de cuánto le queda a un objeto, se puede calcular el momento en que dicho elemento se incorporó al objeto a fechar. Recuérdese la fascinante datación por carbono 14 de la supuesta Sábana Santa. En el cosmos podemos hacer lo mismo, de ahí la nucleocosmocronología.

En el caso del nacimiento del Sol se dio una singularidad curiosa: en el albor de su formación estalló una supernova muy cerca, lo cual alteró, para bien, el resultado del parto. Le dio incluso carácter de prematuro.

## LA FORMACIÓN DE LOS PLANETAS

El destino de la materia fue dispar durante las distintas fases del encogimiento de la nube. Los fenómenos que acontecieron fueron consecuencia de la aceleración angular, el desgarro de material ecuatorial y la condensación de hilachos de este en planetas.
En este proceso, dentro del gran capullo que se va formando debido al calor desprendido por el encogimiento, hay material liviano de tamaño parecido a los copos de nieve. Estos coexisten con otros ya más aglutinados y que empiezan a tomar forma esférica, pero aún del tamaño de pelotas de tenis o, como mucho, de balones de fútbol. Se van situando en el plano ecuatorial de la estrella incipiente.
Chocan entre ellos más o menos violentamente y la gravedad, reina aún de todo el fenómeno, logra acumular ingente número de lo que a partir de cierta masa y volumen llamamos planetesimales. Lo que sucede se denomina, como parece lógico, acrecimiento.
Mucha de aquella materia desgajada queda en torno a las grandes aglomeraciones, formando anillos planetarios. El más espectacular, pero no único, es el de Saturno. Restos errantes que no han tenido la oportunidad de sumarse a otros objetos más grandes quedan por ahí: serán los asteroides.
Algunos no habrán tenido tiempo de adquirir la forma esférica y tendrán tamaños muy variados, desde cabezas de alfiler —futuras estrellas fugaces que embellecerán nuestra atmósfera— hasta grandiosos pedruscos, que serán capaces de provocar extinciones de especies tan majestuosas como los futuros dinosaurios terrícolas.
Pero, sin duda, lo más espléndido que ha surgido del nacimiento del Sol es su cohorte de planetas y lunas.

Con una fuente de calor tan intensa y cercana como es esta estrella, los planetas terrestres se irán haciendo rocosos, es decir, uniéndose químicamente muchos de esos elementos más pesados, liberándose casi totalmente del helio y el hidrógeno. Los cuales, a la distancia tan enorme a la que Júpiter y los demás gaseosos están del Sol, se pueden agregar manteniéndose ligados en contacto con el frío sideral.

Este proceso tiene lugar incluso a escala planetaria, lo que hace que muchos de esos gigantes se vean envueltos de satélites más parecidos a los planetas terrestres que a ellos mismos: Júpiter tiene 79 lunas, Saturno 83, Urano 27 y Neptuno 14. Al menos los que se han descubierto hasta ahora.

Y hablando de lunas, pensemos un momento en la nuestra.

Nuestra Tierra en formación se vio asaltada por Tea (la madre de Selene, diosa de la Luna para los antiguos griegos), otra bola protoplanetaria tan grande como Marte. La colisión fue tremenda y de ella resultó la pareja Tierra-Luna, que evolucionarían ya plácidamente, enfriándose hasta quedar como están actualmente.

Y ahora entra en el relato la supercomputación.

Desde hace unos cincuenta años, cada aumento brusco en la velocidad y capacidad computacional se ha ido sometiendo a varias pruebas. Una se relacionaba con la predicción meteorológica, otra con ganarle al campeón de ajedrez de turno, y otra, entre algunas más y quizá la más compleja, en simular la colisión de Tea con la prototierra.

Los resultados se han ido refinando, pero sin causar sorpresas, de manera que hoy se tiene certeza absoluta de lo que ocurrió y cómo. Hay animaciones espectaculares y fidedignas en Internet de esas simulaciones computacionales.

Los planetas se formaron muy rápidamente, apenas unos millones de años después de que se encendiera el Sol. El cual, por cierto, lo hizo hace 4,566 ± 0,002 eones o miles de millones de años. Lo repetimos para que se observe la precisión del dato.

## TESTIGOS DEL PASADO

Queda por aclarar qué fue eso de la supernova que estalló en nuestra vecindad en las primeras fases de formación del Sol y su séquito planetario. Y para ello, aunque parezca imposible, podemos echar mano de hemeroteca.

El 8 de febrero de 1969 a la una de la madrugada en las afueras del Pueblito de Allende, cerca de Chihuahua, en México, cayó un meteorito de varias toneladas. El susto que se llevó el vecindario debió de ser aterrador, porque además el tremendo peñasco estalló antes de llegar a tierra debido al calentamiento que sufrió por la fricción con la atmósfera. Los fragmentos se esparcieron por los alrededores.

Los pueblerinos, pasmados tras superar el pánico, vieron cómo aquello se llenaba de científicos de todo el mundo buscando trozos del meteorito que pronto se llamó Allende.

El meteorito Allende era una condrita carbonácea. Condrita viene del griego *condros*, que significa grano, porque su superficie tiene aspecto granular. Y carbonácea hace referencia a que su composición se basa en compuestos del carbono.

Los meteoritos representaron durante mucho tiempo los únicos testigos de la formación del Sistema Solar. La razón es simple: los meteoritos que no se agregaron a los planetesimales y quedaron vagando son tan pequeños que no generaron calor interno. Así, no se desencadenaron apenas reacciones químicas ni mucho menos se produjeron en su interior volcanes, terremotos y cataclismos —propios de planetas y lunas primitivos geológicamente inestables—. Son rocas que se han mantenido prácticamente igual desde que se formaron, por lo que pueden considerarse fósiles del Sistema Solar.

Las condritas carbonáceas no tienen ni elementos volátiles ni los núcleos ligeros que se transforman y generan en las reacciones termonucleares del Sol. Todos los demás elementos de las estrellas, el medio interestelar, los remanentes de las supernovas y los núcleos y partículas que forman los rayos cósmicos galácticos están en ellas o han dejado huellas indelebles en su seno. Es realmente impresionante el cúmulo de información que podemos obtener de algunos meteoritos como el Allende.

Esta historia nos permite presentar ahora un ejemplo instructivo sobre esa metodología de nombre tan rimbombante: la nucleocosmocronología. Medimos con rigor la cantidad de plomo 208 que contiene el meteorito. Ese plomo procede en su mayoría de la desintegración de ciertos isótopos del uranio. Las vidas medias de los más importantes son 704 millones de años el $^{235}U$ y 4.468 millones de años el $^{238}U$. Las leyes de la desintegración son muy sencillas, por lo que podemos establecer la edad del meteorito hasta con la calculadora del móvil. Así se llega a la precisión que dimos antes de la edad del Sol: 4.566 millones de años.

En lugar de analizar el uranio y el plomo, escrutamos otros dos elementos, el rubidio y el estroncio, en las rocas lunares que trajeron los astronautas y las muestras que analizaron las naves no tripuladas en otros planetas. Concluimos que la edad de esas rocas está entre 4.450 y 4.480 millones de años. Los aproximadamente 100 millones de años de diferencia son los que transcurrieron entre la formación de la nebulosa solar y la de los planetas. Y por fin llegamos al remate del asunto. Y es que la presencia de aluminio-26 (vida media de 1,07 millones años, o sea, un suspiro) indica que los meteoritos como Allende se formaron muy pocos millones de años después de la detonación de una supernova cercana. Si lo hubieran hecho antes, todos los núcleos radiactivos del entorno del magnesio y el aluminio se habrían convertido en magnesio-26, que es estable, y no quedaría ni rastro de aluminio. Ese millón un poco largo de años de vida media del aluminio es el tiempo estimado de la formación del Sistema Solar desde el inicio del colapso de la nube que lo originó, referenciado por el acontecimiento coetáneo de la supernova.

Como coda, vale la pena traer a colación un par de informaciones sorprendentes y reveladoras sobre las condritas.

Primero, recordemos que presentan un aspecto granular cuyos granitos varían de tamaño, yendo de décimas de milímetro hasta un centímetro. Estos granos o condrulas se pueden formar en el laboratorio si un material de composición análoga se calienta hasta unos 2.000 grados y después se enfría a razón de cientos de grados por hora.

La conclusión es que fueron gotas líquidas que se solidificaron bastante rápidamente. No fueron producto de un proceso ígneo planetario corriente, pero tampoco contactaron con el frío interplanetario de 270 grados bajo cero. En consecuencia, muchas condritas carbonáceas se formaron en un medio que no pudo ser otro que la nube que dio origen al Sol y su cortejo.

El segundo asunto en relación con las condritas carbonáceas a destacar es aún más fascinante: en muchas de ellas los análisis químicos revelan la presencia nada menos que de aminoácidos. Estos aminoácidos incluyen tanto variedades terrestres como extraterrestres, ya que muchos de ellos no se encuentran de forma natural en nuestro planeta. Concretamente, se han descubierto algo más de 100 aminoácidos cósmicos, mientras que en la Tierra ya dijimos que hay solo 20. Pero estos son la base de la vida.

¿Sugerirán estos resultados que la vida extraterrestre es una posibilidad real? Si estos aminoácidos están llegando ahora, ¿cuántos más habrán llegado en 4.566 millones de años? En el polvo interestelar se están descubriendo cada vez más moléculas orgánicas de complejidad creciente. ¿Hemos estado y aún seguimos estando sometidos a una lluvia tenue pero pertinaz de compuestos básicos e imprescindibles para la vida?

## EXPERIMENTO CASERO:
## RECOLECTANDO POLVO DE ESTRELLAS

Antes de finalizar, veamos cómo podemos hacer en casa algo un punto más complicado que crear un sistema solar con agua, aceite y alcohol, pero mucho más real. Se trata nada menos que de recolectar material interplanetario e incluso interestelar. Lo ideal es que vivamos en una casa unifamiliar, pero a imaginación del lector se deja que idee otra posibilidad basada en lo que sigue.

Los materiales que necesitamos son accesibles y no muy caros: canalones de plástico para encauzar el agua de lluvia instalados en torno a la casa bajo los tejados e imanes potentes y baratos que pueden adquirirse muy fácilmente.

A lo largo de los canalones, hemos de idear cómo fijar los imanes bajo ellos, en cuantos más puntos mejor y mientras más potentes, aún mejor. La cinta americana es ideal para eso.

Tras una buena temporada de lluvias, descubriremos polvillo concentrado en las zonas de los imanes. Y poco a poco nos haremos con un frasquito que podemos considerar mágico: está lleno de polvo cósmico. Si le acercamos un contador Geiger de radiactividad (los hay por menos de cien euros) quedaremos maravillados, aunque tal vez solo después de que se disipe la inquietud inicial al convencernos de que el nivel de radiactividad que emite es inocuo.

Piénsese, suéñese más bien, en que hemos recolectado polvo de estrellas.

# 17
# Y FIN

En cierta ocasión se dio una feliz circunstancia en mi vida en apariencia irrelevante, pero que me abrió una dimensión nueva que ha perdurado desde entonces.

Estaba alojado en casa de un buen amigo y colega en Múnich, el profesor Jorrrit de Boer, —o, mejor dicho, Herr Professor Jorrit de Boer, que en Alemania ser catedrático es algo muy serio—.

Su hija Stefanie había terminado la carrera de Historia del Arte y estaba muy contenta porque había obtenido una beca de doctorado nada menos que en Die Alte Pinakothek, La Pinacoteca Antigua. Sabiendo ella que me gustaba mucho deambular por los museos, en particular los de arte, me ofreció acompañarme por el suyo. Como Stefanie no dispondría de más de una hora, me pidió que eligiera uno o dos artistas, estilos o épocas. Le pedí que me sorprendiera. Y vaya si me sorprendió.

Al encontramos al día siguiente me dijo que había elegido seis cuadros de seis artistas desconocidos para mí, cada uno de estilos diferentes, y de seis siglos consecutivos.

Siempre me sentiré agradecido a la joven doctoranda por esa hora mágica que me brindó. Aquello supuso un viraje radical de mi actitud frente al arte en general; también la música y la poesía.

Stefanie y todos los autores de libros de historia de la pintura, la música y la poesía —que he leído para adentrarme en esas artes— se apoyaban en cuestiones técnicas propias de su campo que describían desde un conocimiento profundo con más o menos detalle e intimidad. No he llegado a entender muchísimas sutilezas que mi joven amiga y los demás apreciaban como esenciales en las obras que analizaban. Quizás las más crípticas para mí han sido la pintura y la poesía. Pero la perplejidad que me causaban no me ha impedido disfrutarlas y emocionarme.

Obsérvese a continuación el título y el resumen de uno de los pocos artículos profesionales que he citado en este texto. Solo un vistazo.[21]

## Standard model CP-violation and baryon asymmetry (I). Zero temperature

M.B. Gavela, M. Lozano, J. Orloff, O. Pène

*CERN, TH Division, CH-1211, Geneva 23, Switzerland*

*Dpto. de Física Atómica, Molecular y Nuclear, Sevilla, Spain*

*Institut für Theoretische Physik, Univ. Heidelberg, Heidelberg, Germany*

*LPTHE, F 91405 Orsay, France*

Received 20 June 1994; accepted 12 September 1994

### Abstract

We consider quantum effects in a world with two coexisting symmetry phases, unbroken and spontaneously broken, as a result of a first order phase transition. The discrete symmetries of the problem are discussed in general. We compute the exact two-point Green function for a free fermion, when a thin wall separates the two phases. The Dirac propagator displays both massive and massless poles, and new CP-even phases resulting from the fermion reflection on the wall. We discuss the possible quark-antiquark CP-asymmetries produced in the Standard Model (SM) for the academic T = 0 case. General arguments indicate that an effect first appears at order $\alpha_w$ in the reflection amplitude, as the wall acts as a source of momentum and the on-shell one-loop self-energy cannot be renormalized away. The asymmetries stem from the interference of the SM CP-odd couplings and the CP-even phases in the propagator. We perform a toy computation that indicates the type of GIM cancellations of the problem. The behaviour can be expressed in terms of two unitarity triangles.

Un extracto de una de sus 37 páginas luce así —un vistazo aún más breve—:

In terms of the momentum-space wave functions, the above translates into

$$
S(q^f, q^i)\gamma_0 = \frac{-1}{i} \sum_{n^{\pm}} (2\pi)^6 \left[ \tilde{\psi}_{n^+}^{\mathrm{inc}}(q_z^f) \, (\tilde{\psi}_{n^+}^{\mathrm{inc}}(q_z^i))^{\dagger} \, \frac{-1}{E - E_{n^+} + i\epsilon} \right.
$$
$$
+ \tilde{\psi}_{n^-}^{\mathrm{inc}}(q_z^f) \, (\tilde{\psi}_{n^-}^{\mathrm{inc}}(q_z^i))^{\dagger} \, \frac{-1}{E - E_{n^-} - i\epsilon}
$$
$$
+ \tilde{\psi}_{n^+}^{\mathrm{br}}(q_z^f) \, (\tilde{\psi}_{n^+}^{\mathrm{br}}(q_z^i))^{\dagger} \, \frac{-1}{E - E_{n^+} + i\epsilon}
$$
$$
\left. + \tilde{\psi}_{n^-}^{\mathrm{br}}(q_z^f) \, (\tilde{\psi}_{n^-}^{\mathrm{br}}(q_z^i)) \, \frac{-1}{E - E_{n^-} - i\epsilon} \right]. \tag{4.7}
$$

Notice in the above expression that an orthonormal basis for the wave functions was used, i.e., the one spanned by $\psi^{\mathrm{inc}}$ and $\psi^{\mathrm{br}}$, given in Eqs. (3.24), (3.27), (3.26) and (3.29). In particular, orthogonality requires to restrict the energy integration on the broken phase to $E > m$. We have explicitly verified the completeness relation for our system of eigenstates[6],

$$
\sum_{n^+} \left[ \tilde{\psi}_{n^+}^{\mathrm{inc}}(q_z^f) \, (\tilde{\psi}_{n^+}^{\mathrm{inc}}(q_z^i))^{\dagger} + \tilde{\psi}_{n^+}^{\mathrm{br}}(q_z^f) \, (\tilde{\psi}_{n^+}^{\mathrm{br}}(q_z^i))^{\dagger} \right]
$$
$$
+ \sum_{n^-} \left[ \tilde{\psi}_{n^-}^{\mathrm{inc}}(q_z^f) \, (\tilde{\psi}_{n^-}^{\mathrm{inc}}(q_z^i))^{\dagger} + \tilde{\psi}_{n^-}^{\mathrm{br}}(q_z^f) \, (\tilde{\psi}_{n^-}^{\mathrm{br}}(q_z^i))^{\dagger} \right] = \frac{1}{(2\pi)^3} \delta(q_z^f - q_z^i).
$$
$$
\tag{4.8}
$$

The obvious consequence of Eqs. (2.2) and (4.8) is the Green's function equation for the propagator:

$$-i(E - H) S(q^f, q') \gamma_0 = (2\pi)^3 \delta(q_z^f - q_z^i). \tag{4.9}$$

The Fourier transform of Eq. (4.9) is:

$$\left(\partial_{\xi^0} + \boldsymbol{\alpha} \cdot \boldsymbol{\nabla}_{\xi} + i\beta m\theta(\xi_z)\right) S(\xi, \xi') = \gamma_0 \delta^4(\xi - \xi'). \tag{4.10}$$

La pregunta que lanzo es la siguiente: ¿No entender el detalle de la fundamentación técnica de este artículo invalida el gozo que provoca la idea que presenta: lo que ocurrió miles de milmillonésimas de segundo tras el inicio del universo y por qué pudo prosperar la materia y no la antimateria permitiendo tal sutileza que existamos? Porque de eso trata el artículo, uno más entre los de otros muchos científicos interesados en el asunto.

Es decir, volviendo a mi viaje a Múnich en una comparación muy *grosso modo*, ¿entender la composición de los pigmentos usados por los pintores o las escalas desarrolladas por los compositores en la armonía musical es imprescindible para que sus obras nos embarguen de emoción?

No se abrume el lector que no haya logrado entender ciertos pasajes de este libro. Quizás el autor no haya encontrado las metáforas apropiadas para explicarlos, pues como decía Niels Bohr, el patriarca de la mecánica cuántica, «la física no puede explicarse sin la ayuda de metáforas». A lo cual yo añado una dosis de ocurrencias, historias y poemas más o menos acertados.

En lo que sí creo haber acertado es en guiar ese fascinante paseo apoyado en el sólido bastón del carbono. Este ha hecho posible entender su influencia, en forma de carbón, en nuestra evolución histórica como humanidad, incluyendo su posible deriva futura. Pero también ofrecernos una visión más amplia o, al menos, original de nuestro planeta, contemplar el universo y, por último, entender el origen de la vida, no solo de nuestra vida sino de otras posibles, así como el destino que nos espera más allá de ella.

Sí, es sin duda desaforada tanta ambición, pero ¿por qué ponerle límites a la osadía? Hemos visto que los componentes del carbono se formaron al comienzo del tiempo y el espacio, lo gestaron las estrellas y, tras el esplendoroso parto, erró por el universo hasta que nos dio vida. Terminemos pues ese maravilloso viaje rematándolo, igual que lo iniciamos, con la ayuda de Tito Lucrecio Caro.

Todos nuestros átomos, los de cada uno de nosotros, con el carbono como rey indiscutible y sus príncipes hidrógeno, oxígeno y nitrógeno, volverán a vagar por el cosmos en un viaje igual de largo y tortuoso. Pero podemos tener la confianza de que el final será tan feliz como el que dio lugar a nuestro ser. El cual puede incluso repetirse según la espléndida intuición de nuestro querido Lucrecio.

Así resume Agustín García Calvo los versos 830-869 del libro III de *De rerum natura*:

La muerte no nos afecta en nada: lo mismo que nada sentimos de las tremebundas Guerras Púnicas, nada sentiremos de las épocas que siguen a nuestra muerte. Y aun cuando Natura vuelva a reunir átomos en la misma constitución de uno de nosotros y darles vida [caso que no solo puede, sino que debe suceder en la infinidad del tiempo], tampoco eso le toca al que es ahora, ya que él está constituido por esta ocasión de conjuntamiento de átomos de cuerpo y alma, y está roto todo recuerdo y ligazón con aquel otro; más aún: esa repetición de nuestras estructuras tiene que haber ya sucedido en la infinidad del tiempo pasado, y nada nos toca aquí tampoco. Nada de lo que pase en el tiempo de nuestra muerte nos importa, y es igual que si no hubiéramos nacido nunca.

No solo no hay que temer a la muerte, sino que debemos disfrutar de la relación establecida por Epicuro entre los átomos y la alegría de vivir.

Dos Hermanas (Sevilla),
30 de agosto de 2025

# NOTAS

1. La fuerza nuclear débil es responsable de otros fenómenos nucleares como algunos modos de desintegración radiactiva. Las otras dos son la electromagnética y la gravitatoria.
2. «¡Energía nuclear no, gracias! ¡Carbón sí, de nada!».
3. No sé cómo han evaluado los centímetros; la Biblia que utilizo es una traducción de textos originales aprobada por la Conferencia Episcopal Española el 11 de febrero de 1988.
4. I
Is the total black, being spoken
From the earth's inside.
There are many kinds of open.
How a diamond comes into a knot of flame
How a sound comes into a word, colored/ By who pays what for speaking.
Some words are open
Like a diamond on glass windows
Singing out within the crash of passing sun
Then there are words like stapled wagers
In a perforated book—buy and sign and tear apart—
And come whatever wills all chances
The stub remains
An ill-pulled tooth with a ragged edge.
Some words live in my throat/ Breeding like adders. Others know sun/ Seeking like gypsies over my tongue
To explode through my lips
Like young sparrows bursting from shell.
Some words bedevil me.
Love is a word another kind of open—

As a diamond comes into a knot of flame
I am black because I come from the earth's inside
Take my word for jewel in your open light.

5. Holly significa acebo, pero se pronuncia de forma parecida
a Holy (Santa). Es un apodo: Holly Golightly en realidad se llama
Lulamae Barnes. El nombre lo sacó Truman Capote de su propia
madre, Lillie Mae, que desaparecía durante meses dejándolo con
familiares, hasta que lo abandonó definitivamente con cinco años.

6. Shine bright like a diamond
Shine bright like a diamond
Find light in the beautiful sea
I choose to be happy
You and I, you and I,
we're like diamonds in the sky
You're a shooting star I see,
a vision of ecstasy.
When you hold me, I'm alive,
we're like diamonds in the sky.
I knew that we'd become one right away.
At first sight, I felt the energy of sun rays
I saw the life inside your eyes,
So shine bright, tonight.
You and I we're beautiful like diamonds in the sky
Eye to eye,
so alive
We're beautiful like diamonds in the sky.
Palms rise to the universe
As we moonshine and Molly.
Feel the warmth, we'll never die.
We're like diamonds in the sky.

7. Artículo *Life* de la Macropedia, volumen 22, página 986,
primera sentencia del parágrafo *Life on the Earth*, de la edición
15, de 1990.

8. *To see a World in a Grain of Sand/and a Heaven in a Wild
Flower, /Hold Infinity in the Palm of your Hand/and Eternity in
an Hour.* 'Auguries of Innocence', William Blake.

9. El protagonista esencial de la serie *El problema de los tres cuerpos* está basado en este conjunto estelar vecino nuestro.

10. La Luna dista de la Tierra casi 400.000 kilómetros.

11. La *era inflacionaria* se inició $10^{-43}$ segundos después del Big Bang y acabó $10^{-32}$ segundos después.

12. El dato más preciso parece ser 378.000 años, pero el margen de error es aún amplio.

13. M.B. Gavela, M. Lozano, J. Orloff and O. Pène, *Standard Model CP-Violation and Baryon Asymmetry. Part I: Zero Temperature*, Nuclear Physics, B430 (1994) 345-381.

14. Los datos más precisos son entre 200 y 300 millones de años después del Big Bang las estrellas de primera generación y unos 700 la configuración de las galaxias primigenias.

15. A. Domínguez, F. Prada, M. Lozano, et al. *Extragalactic background light inferred from AEGIS galaxy-SED-type fractions*, Monthly Notices of the Royal Astronomical Society 410, 2556-2578 (2011) A.

16. Algunos casos de los más tratados aquí: Z=1, Hidrógeno; Z=2, Helio; Z=6, Carbono; Z=8, Oxígeno; Z=26, Hierro; Z=92, Uranio, y así toda la Tabla Periódica de los Elementos de Mendeléiev hasta Z=118.

17. En rigor, ese carbono se está sintetizando hace 642,5 años, que es lo que tarda la luz que vemos tras recorrer la distancia que nos separa de Betelgueuse.

18. Hay muchas referencias buenas de popularización de la evolución estelar y un buen ejemplo es de la de la Agencia Espacial Europea:
https://cesar.esa.int/upload/201809/mod_evolucion_estelar_booklet.pdf

19. J. Rodríguez Quintero and M. Lozano, *A Model for the Heavy-Element Abundances in Normal Spiral Galaxies*, Astronomy and Astrophysics, 309 (1996) 743-748.

20. Yakov Perelman, *Física Recreativa*, 2ª edición, Editorial MIR, Moscú, importado por Librería Rubiños.

21. VV. AA., «Standard model CP-violation and baryon asymmetry (I)», *Nuclear Physics B*, 430, 351-381 (1994).